CANINE AND FELINE DISEASES

개와 고양이의 질병

김정은 · 이종복

박영story

머리말

　국내 반려동물을 키우는 인구가 천만을 넘어가고, 반려동물을 양육하는 인구가 증가하면서, 이들과 더불어 사람과 동물 모두가 건강하게 살기 위한 반려동물에 대한 이해와 의료지식이 더 고도화되고 전문화되어야 할 필요성이 증가하고 있습니다. 반려동물을 양육하는 전체 가구에서 개와 고양이를 키우는 비율이 각각 19.1%, 5.2%에 이르며, 가구당 개 양육두수는 1.28마리, 고양이 양육두수는 1.74마리로 알려져 있습니다. 특히 고양이의 경우 양육비율이 현저히 증가하고 있으나, 고양이의 특성상 대외 활동이 드물고, 동물병원에서의 진료 또한 개에 비해 부분적으로 이루어지거나 일부 병원에 집중되어왔다고 볼 수 있습니다. 개와 고양이 모두 사람들과 더불어 살며 기쁨과 사랑을 주는 소중한 가족이 되고 있으며, 그들의 건강을 책임지기 위해 수의사뿐만 아니라 동물보건사와 보호자의 역할에 대한 기대도 커지고 있습니다. 반려동물 산업 확대와 더불어 대학에서의 동물간호 교육이 전문화되고 있으며, 현재 '동물보건사' 자격증 취득을 위해서는 동물질병학은 필수적인 학문이 되었습니다.

　"개와 고양이의 질병"은 개와 고양이의 질병과 관련된 다양한 주제를 담고 있으며, 각 장은 최신 연구와 함께 구체적인 질환에 대한 개념, 원인, 증상, 예후, 예방 및 관리 등을 다루고 있으며, 독자의 이해를 돕기 위해 실제 임상증례 사진들을 함께 나타내었습니다. 이 책을 통해 직간접으로 개와 고양이의 특성을 이해하고, 현장 중심의 실질적인 지식을 더욱 쉽게 얻을 수 있으리라 생각합니다. 더불어, 이 책이 동물의 치료에 못지않게, 그 중요성이 대두되고 있는 질병의 예방과 관리에 필요한 핵심적인 지침이 되어, 동물의 건강을 증진시키고 질병 예방에 앞장서는 데 기여할 수 있기를 바랍니다. 이 책이 생생한 동물병원 현장을 보여줄 수 있도록, 많은 임상증례 사진과 자료를 제공해주신 대구 한마음동물병원 이해운 원장님께 깊은 감사를 드리며, 항상 반려동물을 사랑하고 반려동물보건학 교육에 높은 관심과 열정을 가지고, 이 책을 출판할 수 있도록 물심양면 지원해주신 박영story 관계자 모든 분들께 감사드립니다. 이 책을 읽고 공부하시는 독자 여러분과 반려동물에게 항상 건강과 행복이 함께 하길 기원합니다.

감사합니다.

2024년 8월

저자 일동

차례

Chapter 1. 개의 질병(Canine Disease)

Chapter 2. 고양이의 질병(Feline Diseases)

Chapter 1.

개의 질병(Canine Disease)

1. 반려동물 질병의 이해를 돕기 위한 병태생리학
Pathophysiology for Understanding the Small Animal Diseases

병리학(pathology)은 그리스어인 'pathos(고통)'와'logos(연구)'라는 단어의 합성 어로 고통이나 병에 대한 학문이란 뜻이다. 질병은 세포 수준에서 발생하므로, 질병과 발병기전은 세포의 정상구조와 기능을 알아야 이해할 수 있다. 따라서 질병과 관련된 생화학적 및 기능적 변화를 주로 연구하는 분야를 병태생리학 (pathophysiology)이라고 한다.

반려동물 질병학의 이해를 돕기 위해 다음과 같은 용어들을 먼저 학습하고 간략히 정리해보고자 한다.

1.1 │ 정상세포(Cell)

세포는 생명을 구성하는 요소 중 가장 작고, 기본적인 생물학적 단위를 말 한다. 동물 세포는 세포벽이 없고, 다른 세포 소기관과 함께 막으로 둘러싸인 핵이 있는 진핵 세포로 분류된다. 핵은 세포 내 핵심기관으로 유전정보를 담 고 있는 DNA, 핵소체, 염색질 등의 집합체이다. 세포막은 지질과 단백질로 이 루어져 있고, 세포를 둘러싸고 있어 주변 환경으로부터 세포를 보호하며, 영양 분과 대사산물이 세포 내로 들어가고 나가는 것을 제어하는 역할을 한다. 주로 현미경을 통해 확인할 수 있는 크기부터 가장 큰 세포로 알려져 있는 타조 알처럼 7~15cm, 무게가 1.6kg에 이르기까지 매우 다양하다. 그 외 여러 세포소 기관으로 구성되어 생체의 생리학적 요구에 대응하여 안정적인 상태인 항상성 (homeostasis)을 유지하고 여러 가지 기능을 담당하고 있다.

그림 1.1 동물 세포 구조(Anatomy of animal cell)

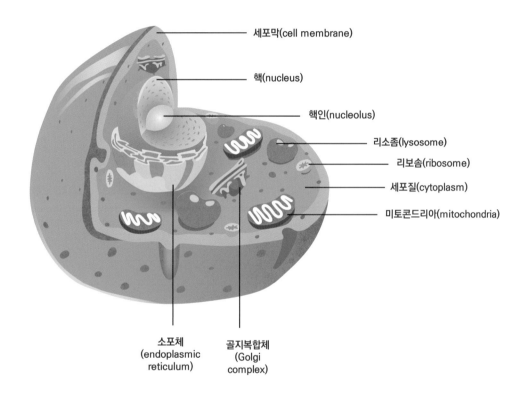

1.2 | 세포손상(Cell injury)

세포성장에 필요한 필수영양분이 결핍되거나, 유해자극 또는 스트레스에 노출될 경우 세포는 손상을 입게 된다. 세포손상은 세포가 적응하여 회복되는 가역적 손상(reversible injury) 또는 지속된 자극이나 손상정도가 매우 심각하여 회복이 되지않는 비가역적 손상(irreversible injury)으로 구분할 수 있는데 비가역적 손상을 입게되면 결국 세포는 세포사(cell death)를 일으키게 된다.

1.3 | 비대(Hypertrophy)

비대는 세포 크기의 증가를 의미하며, 이에 영향을 받은 장기는 크기 증가가 일어난다. 즉, 이때 장기비대는 세포 수의 변화보다는 세포 크기의 변화로 인해 발생한 것이다. 분열이 가능한 세포들은 스트레스에 대한 반응으로 증식과 비대가 동시에 일어나지만, 분열하지 않는 세포들은 (예: 심근섬유 등) 비대에 의해서만 조직의 크기가 커진다.

1.4 | 과다증식(Hyperplasia)

스트레스에 대한 반응으로 장기나 조직에서 세포 수가 증가하는 것을 말한다. 비대와 과다증식은 흔히 함께 발생하나, 과다증식은 세포분열 능력이 있는 조직에서 일어날 수 있다. 이는 생리적(예: 호르몬 민감성 장기의 기능적 증가) 또는 병적(예: 유두종 바이러스에 의한 피부사마귀 등) 일 수 있다.

1.5 │ 위축(Atrophy)

세포의 수와 크기 감소에 따라, 조직의 크기가 감소하는 것을 말한다. 생리적(예: 분만 직후 크기가 감소하는 자궁 등) 또는 병적(예: 부적절한 영양으로 인한 근위축)일 수 있다.

1.6 │ 괴사(Necrosis)

심각한 손상을 받은 세포는 세포 내 단백질 변성과 효소에 의한 소화(digestion)로 인해 세포막의 기능을 잃게 되며, 이로 인해 세포 내용물이 밖으로 유출되어 주위 조직에 염증을 일으키는 것을 말한다.

1.7 │ 염증(Inflammation)

감염 또는 손상된 조직에 대한 반응으로, 생체가 받는 공격 인자들을 제거하기 위해, 혈액을 포함한 조직의 성분을 순환계를 통해 손상받은 부위로 이동시키는 반응을 말한다. 이는 생존에 필수적인 방어 반응이며, 세포 손상의 원인이 되는 미생물이나 독소뿐만 아니라 손상으로 인해 발생한 세포와 조직의 노폐물을 모두 제거하는 과정이다. 염증은 감염원을 인지하고, 손상된 조직을 수복하는 필수적인 과정이지만, 이로 인해 통증과 기능장애 등을 수반할 수도 있다. 감염 부위에 따라 국소손상을 일으키는 국소염증과 전신반응을 일으키는 전신염증으로 구분할 수 있다. 감염과 조직 손상에 대해 초기에 일어나는 빠른 반응을 급성염증이라고 하고, 수 분에서 수 시간 이내 발생하며, 종종 며칠 정도 지속될 수 있다. 염증이 그 이상 지속되어, 더 많은 조직을 파괴하고, 백혈구의 침윤 또는 혈관의 증식까지 수반할 경우 만성염증으로 분류한다.

2. 심혈관 질환
Diseases of the Cardiovascular System

2.1 | 선천성 심장병(Congenital Heart Disease)

선천성 심장병이란 태어날 때부터 심장 또는 큰 혈관에 질병이 있는 경우를 말한다. 1살 이하 개와 고양이에서 발생하는 심혈관질환의 가장 흔한 원인은 기형(malformation)이다. 그 밖의 원인으로는 유전적, 환경적, 감염, 영양학적 요인이 있을 수 있다. 특정 심장 기형은 품종 소인이 있을 수 있다.

2.1.1 동맥관개존(Patent Ductus Arteriosus, PDA)

태아시기에는 모체로부터 혈액을 공급받기 위해, 대동맥과 폐동맥을 연결하는 동맥관이 존재한다(그림 2.1.1). 이 동맥관이 생후에도 폐쇄되지 않고 남아있다면 좌심부전을 일으키게 된다. 개의 심장은 왼쪽과 오른쪽 공간으로 분리하는 격벽이 있다. 오른쪽 심장은 폐동맥을 통해서 혈액을 폐로 보내고, 폐에 도착한 혈액은 산소와 결합한 후 폐정맥을 통하여 왼쪽 심장으로 이동한다. 왼쪽 심장은 다시 대동맥을 통해서, 혈액을 전신으로 보내게 된다.

그림 2.1.1 동맥관개존

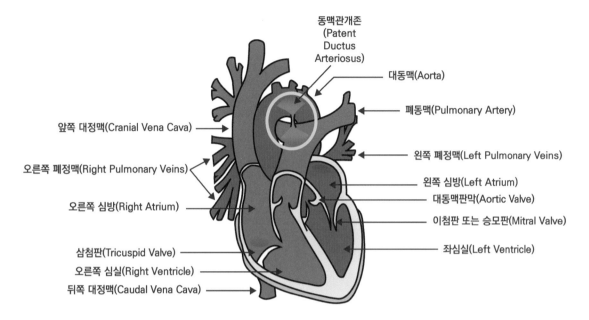

동맥관개존
(Patent
Ductus
Arteriosus)

대동맥(Aorta)

폐동맥(Pulmonary Artery)

앞쪽 대정맥(Cranial Vena Cava)

왼쪽 폐정맥(Left Pulmonary Veins)

오른쪽 폐정맥(Right Pulmonary Veins)

왼쪽 심방(Left Atrium)

대동맥판막(Aortic Valve)

오른쪽 심방(Right Atrium)

이첨판 또는 승모판(Mitral Valve)

삼첨판(Tricuspid Valve)

좌심실(Left Ventricle)

오른쪽 심실(Right Ventricle)

뒤쪽 대정맥(Caudal Vena Cava)

출처: Public Domain Graphic via Wikimedia Commons.

그러나, 태아는 자궁 내에서 폐호흡을 하지 않고, 탯줄을 통해 모체로부터 산소를 공급받는다. 이를 위해 동맥관(ductus arteriosus)이라 불리는 우회 혈관이 존재한다. 동맥관은 오른쪽 심장(우심)에서 폐동맥으로 나가는 혈액이 대동맥으로 들어갈 수 있게 열려 있다. 모체에서 공급된 산소화된 혈액 대부분이 동맥관을 통해서 태아의 동맥으로 들어가고, 일부는 태아의 폐동맥을 통해서 태아의 폐로 들어가, 태아의 폐가 발달하기 위한 산소와 영양분을 공급하고, 왼쪽 심장(좌심)으로 이동한다. 출생 후 폐호흡을 시작하고, 더 이상 모체로부터 혈액을 공급받지 못하면 우심에서 폐로 가는 혈액의 압력은 약해지고, 높은 동맥압에 의해 혈액은 압력이 높은 동맥보다 압력이 적은 폐로 들어가게 된다. 따라서, 동맥관은 더 이상 필요하지 않으므로, 생후 3일 이내 동맥관은 폐쇄되거나 인대로 남게된다. 대부분의 포유류에서 동맥관은 생후 3일 이내에 닫히고 10일까지 완전히 폐쇄된다.

　그러나, 가끔 근육세포들이 정상적으로 수축되지 않아 동맥관이 완전히 닫히지 않는 경우가 생길 수 있으며, 이를 동맥관개존(PDA)이라고 한다. 생후에도 동맥관이 열려 있으면, 좌심에서 온몸으로 혈액을 내보내는 대동맥은 압력이 높고, 폐동맥의 압력은 상대적으로 낮으므로 혈액은 동맥관을 통해서 대동맥에서 폐동맥으로 흘러가게 된다. 따라서, PDA가 있는 강아지는 좌심에서 박출된 혈액이 전신으로 모두 가지 못하고, 폐동맥을 통한 손실이 발생한다. 이러한 손실량을 보상하기 위한 기전으로 전신 혈액량은 증가한다. 또한 혈액이 전신순환을 통해 근육, 뇌, 장 등에 산소를 공급하지 못하고 다시 폐로 순환하게 되므로, 체액이 체내에 저류된다. 전신으로 보내야 할 많은 혈액이 지속적으로 대동맥관으로 유출되기 때문에, 왼쪽 심장의 크기가 증가하게 된다. 폐에서 좌심으로 연결되는 폐정맥의 압력이 증가하고, 체액이 새어나가므로, 폐수종이 발생한다. 이는 '좌심부전(left congestive heart failure)'에 의한 증상이다. 잔존 동맥관의 크기가 작으면 생존 가능성이 커지고, 잔존 동맥관의 크기가 클수록 치명률이 높아진다.

　잔존 동맥관을 통과하는 혈액은 난류이기 때문에, 연속적인 심잡음(continuous murmur)이 발생한다. 이러한 형태의 혈액 흐름을 좌-우단락(left{좌심 또는 전신} to right{우심 또는 폐} shunt)라고 한다. 잔존 동맥관의 크기가 너무 크면, 생후 1~2주에 걸쳐 대동맥을 통하여 많은 양의 혈액이 폐로 유입되고, 이로 인해 폐혈관의 수축을 일으켜, 폐동맥의 저항이 증가하고 폐동맥 고혈압이 발생할 수 있다. 폐동맥 저항이 증가하게 되면, 대동맥의 혈압보다 저항이 증가하여, 우심의 혈액이 잔존 동맥관을 통해서 대동맥으로 들어가게 된다. 이를 우-좌 단락(Right to Left shunt) 또는 역동맥관개존(reverse PDA, 역PDA)이라고 한다. 출생 후에는 모체의 태반을 통해 산소를 받지 못하고 폐로 가는 혈액이 거의 없어, 산소가 없는 혈액을 온몸에 전달하게 되므로 우심부전 증상이 나타나게 된다.

- 많은 품종에서 유전적 소인으로 발생
- 암컷에서 좀 더 흔히 발생

- 잔존 동맥관의 크기가 작은 경우 대체로 무증상
- 호흡곤란(dyspnea)
- 큰 심잡음(loud heart murmur)
- 비정상적인 맥박
- 운동불내성
- 신생기 성장불균형
- 역PDA로 진행 시, 심잡음 소실 또는 불규칙한 심박동, 후지 운동불내성, 청색증 등

- 치료하지 않은 경우, 생후 1년 내 치사율이 60%에 달함
- PDA 결찰 수술
- 심근손상 또는 만성 심부전으로 진행되지 않도록 약물치료 필요
- PCV(Packed cell volume) 모니터링
- 우-좌 PDA 또는 역PDA의 경우 PDA 폐쇄는 금기
- 우-좌 PDA 또는 역PDA는 예후가 불량함

심실중격결손(Ventricular Septal Defect, VSD)

특징

심실중격결손(Ventricular Septal Defect, VSD)은 고양이에서 흔히 발생하며, 종
종 개에서도 발생하는 선천적인 심장질환이다. 심실중격이 부분적으로 결
손되어, 좌심실에서 우심실로 혈액이 유입되는 현상이 발생한다. 심실중격
결손(VSD)은 결손 위치에 따라 막주위 심실중격결손(paramembranous VSD),
근육성 심실중격결손(muscular VSD), 대혈관판막아래 심실중격결손(subarterial
VSD)으로 나눌 수 있다. 가장 흔한 형태는 막주위 심실중격결손이다. 결손
구멍의 크기에 따라 제한성 심실중격결손(Restrictive VSD), 비제한성 심실중

그림 2.1.2 심실중격결손(Ventricular Septal Defect, VSD)

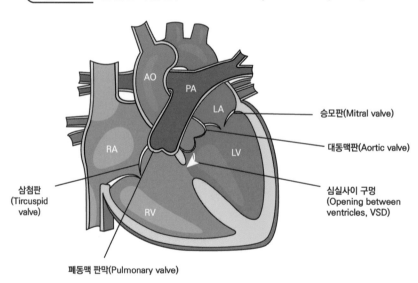

● 산소가 풍부한 혈액(Oxygen-rich blood) 대동맥(Aorta, AO) 폐동맥(Pulmonary artery, PA)
● 산소가 결핍된 혈액(Oxygen-poor blood) 좌심방(Left atrium, LA) 좌심실(Left ventricle, LV)
● 혼합 혈액(Mixed blood) 우심방(Right atrium, RA) 우심실(Right ventricle, RV)
● 혼합 혈액(Mixed blood)

출처: https://www.vcsaustralia.com.au/uploads/1/1/8/3/118317569/20210130_-_
septal_defects.pdf

격결손(Non-restrictive VSD)로 구분된다. 대부분은 결손구멍 크기가 대동맥 뿌리부위 직경의 50% 미만으로 제한성 심실중격결손에 해당한다. 큰 결손은 만성 심부전을 일으키고, 폐혈관 저항 감소로 인해 1~2개월 이내 폐사할 수 있다. 폐동맥으로 유입되는 혈액량이 너무 많아지고, 대동맥 역류로 인해 좌심부전이 발생하기 쉽다. 폐성 고혈압으로 인해 좌-우 단락이 우-좌 단락으로 바뀌어, 청색증이 생기기도 한다.

원인

- 유전적 소인
- 여러 가지 약물, 감염, 환경적 요인으로 발생 가능

임상증상

- 대부분의 개는 무증상
- 종종 좌심부전 또는 폐성 고혈압
- 중증 VSD의 경우 청색증

진단 · 치료 · 예방

오른쪽 흉부 앞쪽 부위에서 수축기 잡음을 들을 수 있으며, 결손부가 작을 경우 치료가 필요하지 않지만, 클 경우 수술적 처치가 필요하다. 만성 심부전 치료를 위해 내과적 처치가 필요할 수 있다.

2.1.3 심방중격결손(Atrial Septal Defect, ASD)

폐호흡을 하지 않는 태아시기에는 우심방에서 좌심방으로 혈액이 이동할 수 있도록 난원공이 심방에 존재한다. 그러나 출생 후 우심방 압력이 떨어지고, 좌심방 압력이 높아지면 자연스럽게 난원공이 닫히고 단락이 중지된다. 그

러나 난원공이 닫히지 않고 잔존하거나, 불완전하게 폐쇄되어 심방중격이 부
분적으로 결손될 수 있다. 이는 비교적 특별한 증상을 야기하지 않으며, 개에서
드물게 발생한다. 대부분의 경우 좌심방에서 우심방으로 혈액이 유입되면서
우심방의 과부하를 일으킨다. 폐혈류 증가에 의해 폐혈관이 수축되고, 폐성 고
혈압이 발생할 수 있으며, 우심부전을 일으키게 된다.

　　심방중격결손은 사람에서는 흔히 진단되었으나, 수의학에서는 발생이 낮은
것으로 알려져 있다. 그러나 심장초음파, 도플러 검사기법 등의 발달로 점차 진
단율이 높아지고 있으며, 2006년 프랑스의 한 수의과대학에서 보고된 바에 따
르면, 5년간 심장질환으로 내원한 414마리의 개와 고양이 중 37.7%에 해당하
는 156마리에서 VSD를 진단하였다고 한다(J Vet Med A Physiol Pathol Clin Med. 2006
May;53(4):179-84.). 개의 경우 복서(Boxer), 고양이의 경우 길고양이(domestic shorthair)
에서 가장 흔히 발생하였으며, 대부분 승모판이형성증(mitral valve dysplasia)과 함께
발생하며, 이환된 동물 대부분은 무증상을 보였다.

원인

- 유전적 소인

임상증상

- 대부분의 개는 무증상
- 종종 우심부전 또는 폐성고혈압
- 청색증

진단 · 치료 · 예방

폐동맥 판막부위에서 수축기 잡음을 확인할 수 있다. 결손부가 작은 경우
치료가 필요하지 않지만, 큰 경우 수술 처치가 필요하다. 내과 처치는 우심
부전 징후(복수, 경정맥 확장 등) 치료에 한한다.

심장판막의 질환(Valvular Heart Disease)

 방실판막 이형성(Atrioventricular valvular dysplasia)

방실판막(이첨판 또는 삼첨판)의 이형성(dysplasia)은 유두근(papillary muscle) 기형, 건삭(chordae tendineae) 길이 이상, 첨판(leaflets or cusps) 형태 이상, 판막 연결부 융합 등과 같은 판막을 구성하는 여러 구조물의 형태적인 이상을 말한다. 이로 인해, 판막 역류 또는 심실 충만 장애를 일으키는 판막 협착이 모두 발생할 수 있다. 경미한 상태부터 생명을 위협할 수 있는 상태까지 다양하다. 선천적인 질환으로 래브라도 리트리버에서 품종 소인이 있으며, 가장 흔히 발생한다. 그 외복서, 저먼 세퍼드, 와이마라너 등 주로 대형견에서 발생하고, 고양이에서는 흔하지 않다.

 방실판막 변성(Atrioventricular valvular degeneration)

판막에 글리코사미노글리칸(glycosaminoglycans) 축적(점액종성 증식, myxomatous proliferation), 또는 첨판과 건삭의 섬유화 등이 발생하는 것이 특징이다. 이로 인해 판막이 정상적으로 닫히지 못하고, 판막 역류를 일으켜, 점차 만성심부전으로 발달하게 된다. 주로 승모판에서 흔히 발생한다.

점액종성 변성의 원인은 현재 알려져 있지 않지만, 이로 인한 방실판막 변성이 가장 흔히 일어난다. 품종 소인이 있으며, 파피용, 푸들, 치와와, 닥스훈트, 카발리에 킹 찰스 스패니얼 등 소형견에서 주로 발생한다.

이와 같은 판막의 질환으로 인해 판막 역류(regurgitation) 또는 폐쇄부전(insufficiency)이 나타나게 되며 이 중 이첨판과 삼첨판의 폐쇄부전은 개와 고양이 모두에서 발생할 수 있다.

이첨판 폐쇄부전(승모판폐쇄부전증, Mitral valve insufficiency)

특징

출생 후 초기에는 임상증상을 보이지 않지만, 서서히 변성이 진행되면서 증상이 나타난다. 점액종성 변성은 4개의 심장판막 중 이첨판에 가장 잘 발생한다. 정상적으로 첨판은 얇고, 투명하며, 탄력이 있지만, 변성이 일어나면 점차 두껍고 단단하게 변한다. 이로 인해 판막 역류가 발생하고 좌심실에서 좌심방으로 혈액이 역류하므로 좌심부전 증상을 야기한다.

원인

주로 점액종성 변성으로 인해 발생하며, 개에서 가장 흔히 발생하는 심장질환이다. 소형과 중형견에서 흔히 발생하며, 주로 카발리에 킹 찰스 스패니얼, 닥스훈트, 미니어처 푸들, 요크셔 테리어 등 품종 소인이 있는 것으로 보아 유전적 인자가 관여하는 것으로 추정한다.

임상증상

초기에는 심잡음만 들릴 수 있고, 특별한 임상증상은 나타나지 않는다. 좌심비대로 인해 기침, 울혈, 운동불내성 등 좌심부전이 발생하고, 더욱 악화될 경우 판막을 지지하는 건삭이 파열되어 급성 폐수종으로 폐사할 수 있다.

진단 · 치료 · 예방

심초음파, 심전도 등을 통해 진단하고, 안지오텐신전화효소 저해제(ACE inhibitor)와 같은 혈관확장제, 강심제(디기탈리스, 피모벤단), 이뇨제 등 약물투여 치료와 승모판 재건술과 같은 수술 치료를 고려해볼 수 있다.

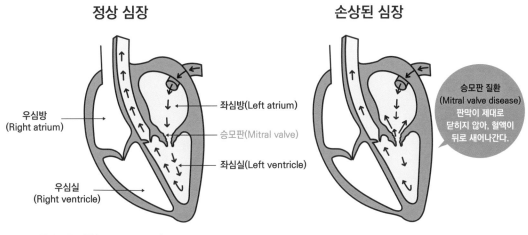

그림 2.1.4 정상심장과 손상된 심장

정상 심장

손상된 심장

우심방
(Right atrium)

좌심방(Left atrium)

승모판(Mitral valve)

좌심실(Left ventricle)

우심실
(Right ventricle)

승모판 질환
(Mitral valve disease)
판막이 제대로
닫히지 않아, 혈액이
뒤로 새어나간다.

→ → **혈액 흐름 방향**(Blood direction)

 삼첨판 폐쇄부전(Tricuspid valve insufficiency)

특징

삼첨판(Tricuspid valve) 또는 이를 구성하는 요소에 복합적인 기형이 발생한 것을 말하며, 나이가 듦에 따라 퇴행성 변화가 발생한 것일 수 있다. 판막은 정상적으로 나뭇잎(leaf) 모양이지만, 퇴행성 변화가 나타나면 모양이 두꺼워지고, 형태도 바뀌게 된다. 결국 삼첨판이 제대로 닫히지 않아 혈액의 흐름이 방해받게 되고, 이로 인해 역류(regurgitation)가 생기게 되므로 이러한 판막의 퇴행성 변화를 판막 역류 현상이라고도 한다. 래브라도 리트리버, 저먼 셰퍼드, 골든 리트리버, 와이마라너에서 품종 소인이 있다. 고양이의 경우 거의 보고된 바가 없다.

삼첨판 또는 이를 구성하는 요소의 복합적인 기형으로 인해 삼첨판 폐쇄부전이 일어난다.

임상증상

중증도는 판막의 변화 정도에 따라 다르며, 이환된 많은 개에서 심잡음이 발생하지만, 일상적인 건강검진에서 발견되는 경우가 많다. 가벼운 기침 증상만 보인다면, 삶의 질을 떨어뜨리거나 생명의 위협을 받을 정도는 아니다. 그러나 점차 진행되어, 심부전이 생기고 혈액의 정상적인 흐름이 방해받는다면, 우심 비대가 발생할 수 있다. 복수·흉강 내 체액 저류, 사지부종, 식욕결핍, 체중 소실, 무기력 등의 우심부전 증상이 나타난다. 치료하지 않고 경과가 지속될 경우, 생명이 위태로울 수 있다.

진단 · 치료 · 예방

품종 소인, 신체검사, X-ray 소견, 심잡음 청취 등으로 진단할 수 있다. 부정맥이나 심부전 증상은 초기에 나타나지 않을 수도 있다. 부정맥이나 심부전 증상은 초기에 나타나지 않을 수 있으며, 심전도 검사가 진단에 도움이 될수 있다. 불행히도 효과적인 치료약은 없으며, 다만 만성 심부전으로 이환되는 속도를 줄여줄 수 있다. 만약 만성 심부전으로 진행하게 되면, 평균 생존율은 약 12개월 정도이다. 그러나, 대부분의 동물들은 증상이 미약할 때는 약물 처치가 불필요하며, 만성 심부전으로 진행되지 않도록 동물병원에 정기적으로 내원하여 모니터링하는 것이 좋다.

2.2 후천성 심장병(Acquired Heart Disease)

2.2.1 폐성 고혈압(Pulmonary Hypertension)

특징

폐동맥 혈압이 증가된 상태를 말한다. 폐혈관 내 혈액흐름 증가(예: 심실 중격결손, 동맥관개존증 등)나 폐혈관상의 전반적인 단면 감소로 인한 혈관저항성 증가(예: 폐동맥벽 비대, 폐쇄전증, 폐혈관 수축 등) 또는 두 가지 경우 모두로 인해 발생할 수 있다.

원인

원발성 폐성 고혈압은 사람에 비해 드물게 발생하며, 개의 경우 주로 심장사상충증, 폐쇄부전증, 원발성 폐질환에 따른 저산소혈증, 좌심부전 등에 속발하여 발생한다.

임상증상

복수, 운동불내성 등 전형적인 우심부전 증상, 주로 운동 후나 흥분상태일 경우 일시적인 허탈(episodic collapse) 또는 실신 등의 증상을 보인다.

진단 · 치료 · 예방

폐동맥압 측정, 우심실 확장 및 우심실벽 비대 등으로 진단할 수 있으며, 치료효과가 없어 예후는 불량하다.

2.2.2 심장사상충증(Heartworm Disease)

특징

심장사상충증은 반려동물 중 개에서 가장 흔히 발생하며, 고양이는 개에서처럼 흔하지 않다. 그 외 늑대, 코요테, 여우, 라쿤 등 야생동물에서도 발생한다고 보고되고 있다. 전 세계 존재하는 70여 종의 모기가 중간숙주이지만, 숲모기속(*Aedes* spp.), 얼룩날개모기속(*Anopheles* spp.), 열대집모기속(*Culex* spp.) 모기가 가장 흔히 중간숙주가 되어 감염을 일으킨다. 미국뿐만 아니라, 캐나다, 호주, 유럽, 아프리카, 일본 등 온화하고 따뜻한 지역 전역에서 발생하고 있다. 심장사상충(*Dirofilaria immitis*)은 동물의 심장뿐만 아니라, 혈관을 타고 전신을 순환할 수 있으며, 특히 폐혈관과 폐실질에 침투하여, 염증을 일으키기 쉽다. 모기가 매개가 되어 감염되므로, 주로 야외생활을 하는 개나 수컷 고양이에서 발생하기 쉽다.

사람의 경우 모기에 물려 감염될 수는 있으나, 종숙주가 아니므로 미세사상충(Microfilaria)으로 인한 감염증상은 나타나지 않는다.

원인

심장사상충(*Dirofilaria immitis*) 감염이 원인이므로, 이 질병을 이해하기 위해서는 기생충의 생활사(life cycle)을 잘 알아두어야 한다.

그림 2.2.2-1 개와 고양이의 심장사상충 생활사

출처: *Dirofilaria immitis* life cycle in dogs and cats(American Heartworm Society, 2020)

심장사상충의 생활사

- 감염된 개의 혈액 중에 암컷 성충이 유충(L1)을 배출하여, 모세혈관까지 이동한다.

- 모기(매개체)가 감염된 개의 혈액을 흡혈할 때, 유충이 모기에게 이동한다.

- L1 유충은 모기 뱃속에서 L2, L3 로 두 번 탈피하여 성장한다.

- 14℃ 이상의 따뜻한 날이 지속될 경우, L3로 성장한 유충은 12~40일 이내에 모기 주둥이로 이동한다.

- 모기 주둥이로 이동한 유충은 모기가 개의 피부를 흡혈할 때 빠져나와 흡혈부위로 이동하게 된다.

- 개의 몸에 감염된 L3 유충은 2주 정도 지나 L4 유충으로 성장하게 되고, 심장으로 이주한다.

- 감염 후 45~65일이 지나면 성충 전 단계인 L5 유충으로 성장하게 된다.

- L5 유충에서부터 성충이 되면 전신 정맥계로 침투하고, 우심실까지 도착하게 된다.
- L5 유충은 약 1.5cm 크기로 원위 폐동맥까지 침범할 수 있다.
- 감염 90일이 지나면 L5 유충은 더욱 성숙하여, 감염 후 6~7개월이 되면 성충이 된다.
- 성충은 약 5~7년, 자충은 약 1~2년 정도 개의 체내에서 생존할 수 있다.

임상증상

대부분 무증상인 경우가 많고, 폐성 고혈압 또는 심장 관련 질환 등이 차츰 나타날 수 있다. 보통, 존재하는 성충의 수에 따라 증상이 심해지지만, 활동적이지 않은 개의 경우 증상이 미약하거나 늦게 나타날 수 있고, 활동적인 개의 경우 좀 더 심각한 증상을 보일 수 있다.

- 만성 심폐질환 관련 증상
    - 분비물을 동반하지 않은 기침(건성기침)
    - 호흡곤란
    - 무기력, 운동불내성
    - 갑작스런 운동 이후 기절
    - 체중소실-심장병성 악액질
    - 복수
    - 객혈(죽은 성충이 많은 경우를 제외하고 흔치 않음)

- 대정맥증후군(caval syndrome)과 관련한 급성 증상(그림 2.2.2-2)
    - 식욕 결핍, 무기력, 허약, 고열
    - 혈액 관련: 황달, 혈색소뇨증, 빌리루빈뇨증, 점막창백
    - 빈맥

그림 2.2.2-2 심장사상충 감염으로 인해 대정맥증후군을 보이는 개의 오줌(혈색소 뇨)

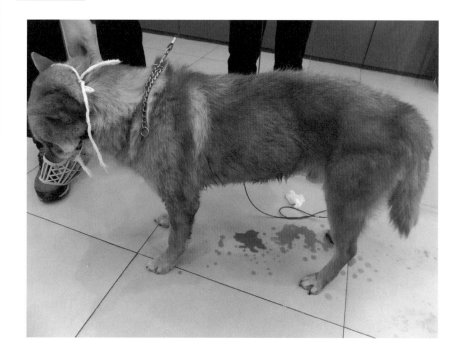

진단 · 치료 · 예방

심장사상충증의 진단을 위해 다음 여러 가지 임상증상을 확인할 수 있다. 심장 청진 시 심잡음이 나타나지 않을 수도 있으나, 삼첨판 폐쇄부전에 따른 삼첨판 역류로 인해 나타나는 수축기 잡음이 들릴 수 있다. 폐청진 시 거친 수포음이 들리며, 목정맥 맥동(pulsation)과 확장(distention)(그림 2.2.2-3), 간비대 (hepatomegaly), 복수(ascites)와 같이 우심의 울혈성 심부전 증상(그림 2.2.2-4)이 나타난다. 그러나 질병이 진행되기 전에는 특별한 증상을 보이지 않을 수도 있다. 현미경 검사를 통해 혈액 내 미세사상충을 확인(2.2.2-5)하거나 항원검사 양성반응(그림 2.2.2-6)으로 확진할 수 있다. 흉부 방사선 검사에서 감염 90일 이후 뒤쪽 폐엽에서 산재성 간질패턴(diffuse interstitial pattern)이 나타날 수 있다(그림 2.2.2-7). 심초음파 검사에서는 우심실벽 비대소견, 중증일 경우 우심방 확장 및 삼첨판 폐쇄부전, 폐동맥 비대 및 확장을 볼 수 있다.

그림 2.2.2-3 심장사상충 감염으로 인해 대정맥증후군을 보이는 개의 목정맥 확장 소건

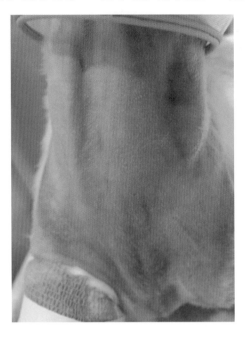

그림 2.2.2-4 심장사상충에 감염된 개. 복수로 인한 팽만(붉은 색 원)

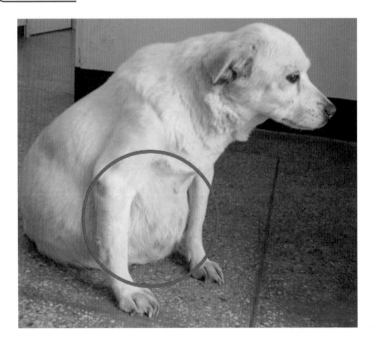

그림 2.2.2-5 심장사상충 자충(미세사상충) 현미경 사진

 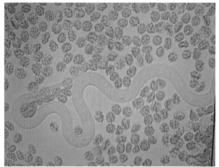

그림 2.2.2-6 심장사상충 감염된 환자의 항원진단키트 검사 결과: 항원 양성(1, 2)과 음성(3)

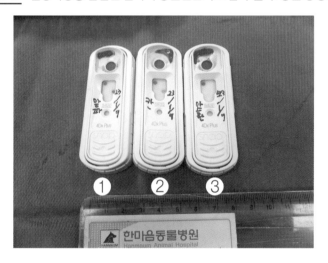

그림 2.2.2-7 심장사상충 감염된 개: 폐동맥 확장과 폐수종

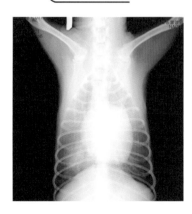 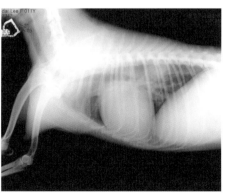

치료를 시작하기 전, 일반 신체검사, 혈구검사, 혈청화학적 검사, 소변 검사 등을 수행하여 치료에 따른 부작용을 줄이기 위해 다른 질환이 없는지 확인하도록 한다. 성충 치료 전, 미세사상충 구충으로 인한 독성을 예방하기 위해 HW 예방 약물을 우선 투여(밀베마이신은 예방 용량에서 미세사상충을 구제하는 효과가 있음)하고, 성충 치료제인 멜라소민(Melarsomine HCl, Immiticide®)을 수차례 나눠서 투여하도록 한다. 성충 치료제를 마지막으로 투여한 후 6주 동안은 운동을 제한하는 것이 좋다. 멜라소민 투여 4주 후에 미세사상충이 있는지 확인하고, 있다면 미세사상충 구충약을 다시 투여하도록 한다. 치료가 끝나고 3~4개월 후에 HW 항원검사를 재수행하여 완전히 치료되었는지 확인한다. 이후 꾸준히 정기적으로 심장사상충 예방약을 투여하고, 모기가 유행하는 계열에는 야외활동을 자제하는 것이 예방에 도움이 될 수 있다.

3. 소화기 질환
Diseases of the Digestive System

3.1 | 거대식도증(Megaesophagus)

특징

거대식도(megaesophagus)는 식도의 운동성이 감소되거나, 결여되어 식도가 광범위하게 확장된 것을 말한다. 선천적(약 25%) 또는 후천적(성견이 되어 발병)으로 발생할 수 있다. 성견에서 발병은 원발성 질환으로 인해 이차적으로 발생하거나 특발성으로 일어나며, 후천적 발생은 대부분 특발성 원인에 기인한다.

원인

선천성 거대식도는 식도에 분포하는 미주신경의 불완전한 발달로 인해 발생한다. 그로 인해 일부 개에서는 나이가 들수록 오히려 기능이 좋아지는 경우도 있다. 선천성 거대식도는 유전적 소인이 있으므로, 폭스 테리어, 미니어처 슈나우저, 샤페이, 저먼 셰퍼드와 같은 특정 품종에서 흔히 발생할 수 있다.

중증 근육무력증(myasthenia gravis) 또한 거대식도를 유발할 수 있다. 이는 식도의 근육과 신경 사이의 연결이 파괴되어, 전반적인 근육의 약화가 발생하는 신경근의 가면역 질환으로, 후천성 거대식도증을 앓는 개의 약 25%에서 중증 근육무력증을 이미 앓고 있다고 한다.

일부 약물, 이물, 식도 내부 종양, 혈관 이상(동맥관개존증)과 같은 식도의 폐쇄로 인해 식도가 정상적으로 기능하지 못하게 물리적으로 차단됨으로써, 거대식도가 유발될 수 있다. 이 경우 식도의 근육과 신경은 정상이지만, 폐쇄부위 바로 앞 팽창으로 인해 식도 근육의 기능장애가 발생하기도 한다.

임상증상

가장 흔한 증상은 역류(regurgitation)이며, 구역질이 난 후 강제적으로 위 내용물이 배출되는 구토(vomiting)와는 구별된다. 역류는 수동적으로 발생하는 것으로, 강력한 위 수축없이 벌려진 입으로 음식물이 배출되는 현상이다. 주로 음식물 섭취 직후 발생하며, 음식물이 위까지 도달하기 전에 역류된 것으로 담즙과 섞이지 않은 채로 배출된다. 구취(halitosis)가 날 수 있으며, 침분비 과다(ptyalism), 이차성 흡인성 폐렴, 기침, 호흡곤란 등의 증상을 일으킬 수 있다.

진단 · 치료 · 예방

1. 신체검사
   - 신경학적 결손, 근육 통증, 허약
   - 흡인성 폐렴에 의한 고열, 수포음, 빈호흡
   - 식도 확장으로 인한 목 부위 부종
2. 방사선 검사(그림 3.1-1)
   - 일반 X-ray 촬영: 확장된 식도 내 음식 및 공기가 관찰될 수 있음, 흡인성 폐렴 여부 확인

• 바륨 식도조영촬영: 일반 X-ray 촬영으로 확인되지 않을 경우에 한함

그림 3.1-1 거대식도: 바륨식도조영촬영과 형광투시법 검사

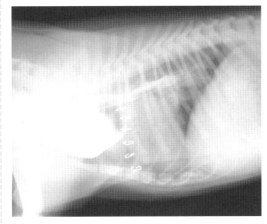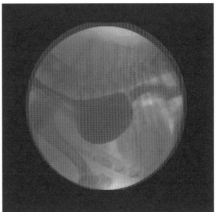

3. 형광투시법(fluoroscopy)

4. 혈액검사

   • 적혈구 검사(CBC), 혈청생화학 검사, 소변 검사

   • 근육병증(myopathies) 평가를 위한 creatinin kinase 수치 확인

   • 갑상선기능저하증 확인을 위한 갑상선 기능검사

   • 중증 근육무력증(myasthenia gravis) 평가를 위한 아세틸콜린 수용체 항체
     가 검사

   • 부신피질저하증 검사를 위한 부신피질자극호르몬(ACTH) 자극검사

5. 식도내압 검사

   식도 압력, 음식물 통과 시간, 하부 식도 괄약근 압력 측정

6. 내시경 검사

   이차적으로 발생한 거대식도증의 원인을 찾기 위해 실시할 수 있으나,
   식도 직경과 기능을 평가하기에는 적합하지 않음

기저질환이나 원인이 있다면 이를 해결하는 것이 치료의 우선이다. 그러나 원인을 제거하였더라도 질병의 중증도와 이환 기간에 따라 완전히 회복하지 못할 수도 있다. 이 질환에 걸린 동물환자의 경우 섭취한 음식물이 역류하거나, 식도가 과도하게 확장되지 않도록 관리하는 것이 매우 중요하다. 음식물을 급여할 때는 높은 위치에 그릇을 두어 중력의 힘을 이용하여 음식물이 위장으로 내려갈 수 있도록 도와준다(예: 베일리 의자 사용). 음식물의 형태를 필요에 따라 여러 가지 바꾸어 급여하도록 한다. 액체, 죽 또는 통조림과 같이 부드러운 형태로 주거나, 가끔 고체형태의 음식물을 주어 식도의 수축력을 자극할 수도 있다. 고칼로리의 음식물을 조금씩 자주 주는 것이 필요하다. 이 질병의 예후는 좋지 않지만 흡인성 폐렴을 예방하고 증상을 완화시키는 관리를 한다면 비교적 정상적인 삶을 영위할 수 있다.

그림 3.1-2 베일리 의자 사용

출처: https://www.baileychairs4dogs.com/?lightbox=i3g8k

3.2 | 급성 위염(Acute Gastritis)

특징

급성으로 발생하는 위의 염증을 말한다. 원인을 없애고, 염증을 치료한다면 정상적인 상태로 쉽게 회복될 수 있는 질환이다. '3.5 장염(세균성, 바이러스성, 식이성)'을 함께 참고하도록 한다.

원인

개와 고양이에서 병원성 세균을 섭취하여 위염을 일으키는 경우는 드물다. 세균은 위산으로 인해 위에 정착하여 염증을 일으키기 힘들기 때문이다. 그러나 나선형 세균인 헬리코박터 세균은 예외적이다. 또한, 파보바이러스, 홍역바이러스, 코로나바이러스 등 일부 바이러스는 광범위한 위장염을 일으킬 수 있다.

클로스트리디움종(*Clostridium* spp.), 대장균(*Escherichia coli*), 클렙시엘라종(*Klebsiella* spp.) 등으로 인한 세균독소, 이물질로 인한 물리적 손상(그림 3.2), 열, 화학물질, 아스피린과 같은 특정 약물에 의해 위염이 발생할 수 있다

그림 3.2 급성위염: 이물

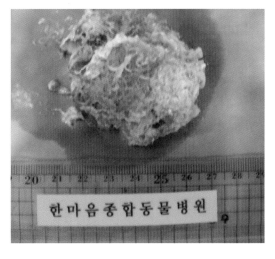

주로 음식물 섭취 후 구토를 하며, 심한 경우 피가 섞인 토사물 배출할 수 있다. 복통을 나타내거나 식욕부진 또는 식욕결핍을 보인다. 그 외 원인에 따라 다양한 증상을 보일 수 있다.

진단·치료·예방

병력 또는 임상증상을 토대로 진단할 수 있으며, 실험실 검사 소견은 특별하지 않은 경우가 많다. 방사선 불투과성 이물질이 없다면, 복부 방사선 사진으로 진단하기 어렵다.

필요하다면 수액치료를 통해 탈수 또는 전해질 보충을 해주고, 12~36시간 동안은 물을 포함한 모든 음식물의 경구 섭취를 제한하도록 한다. 부드러운 음식물을 소량씩 자주 급여하는 것이 좋다. 음식물은 소화가 잘되는 전분을 함유하고, 단백질 함량이 낮고, 지방 함량이 중간 내지 낮은 음식물을 급여한다. 구토가 심하다면 대증요법으로 항구토제를 사용할 수 있다.

3.3 | 위장관 폐쇄(Gastrointestinal Obstruction)

특징

위장관 폐쇄는 반려동물 임상에서 흔히 접할 수 있는 질환이다. 일반적으로 기계적 폐쇄 혹은 기능적인 폐쇄로 구분할 수 있다. 기계적인 폐쇄의 원인으로 가장 흔한 것은 장내 이물(그림 3.3-1)이며, 그 외 중첩(그림 3.3-2), 점막이나 근육층의 비후, 종양에 의해서도 일어날 수 있다. 위장관의 기능적인 폐쇄는 장마비(ileus)라 하여 염증 또는 감염으로 인해 발생한 장의 일시적인 운동 장애를 의미한다. 심한 구토를 일으키며, 그 결과 생명을 위협할 수 있으며 심한 구토로 인한 흡인성 폐렴, 전해질 및 산-염기 장애, 탈수 등을 일으킬 수 있으며, 이는 생명을 위협할 수도 있다. 폐쇄의 근본적인 원인에 따라 해당 부위는 천공, 내독소혈증 및 저혈량성 쇼크를 초래하는 조직 손상을 겪을 수 있다. 그러므로 위장관 폐쇄는 응급 상황으로 치료해야 한다.

그림 3.3-1 장폐쇄: 이물

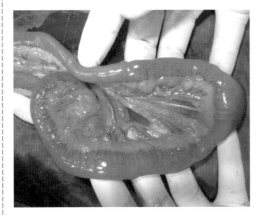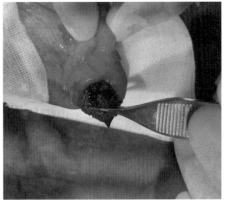

그림 3.3-2 장중첩

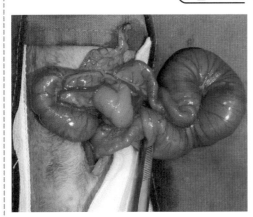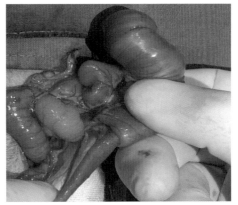

원인

위장관 폐쇄는 내·외부 원인에 의해 발생할 수 있다. 위장관 폐쇄의 가장 흔한 외부 원인은 장중첩증으로, 위장관의 일부가 다른 장에 의해 둘러싸이는 것을 말한다. 장중첩증은 기생충 감염, 파보바이러스 감염, 이물질 섭취 또는 신생물에 의해 이차적으로 발생할 수 있지만 주로 특발성으로 발생한다. 이는 회맹 연접부(ileocecal junction)에서 흔히 발생한다. 위장관 폐쇄의 내부 원인으로 주로 돌, 공, 장난감, 털, 과일 씨, 의류 등과 같이 소화되지 않는 이물이나 뼈와 같이 천천히 소화되는 음식물을 섭취가 있다. 그 외 신생물, 진균 감염(예: 화농성 농피증) 및 육아종(예: 고양이 감염성 복막염에 이차적)과 같은 침윤성 질환으로 인해 발생할 수 있다. 유문 협착증은 위 유출 폐쇄를 일으킬 수 있으며 단두종에서는 선천성 질환으로 발생한다는 보고가 있다. 이물질 섭취로 인한 폐쇄는 이물질이 위장관을 통과할 수 없는 경우 부분 폐쇄 또는 완전 폐쇄를 일으킬 수 있다. 선형 또는 작은 이물질은 부분 폐쇄를 일으킬 가능성이 더 크지만, 크고 둥근 물체는 완전 폐쇄를 일으킨다. 개는 무분별하게 먹는 습성으로 인해 이물을 섭취하는 반면, 고양이는 놀이 중 선형 이물(예: 끈, 털실, 치실)을 주로 섭취하는 경향이 있다.

임상증상

장중첩에 의한 폐쇄인 경우 복통, 구토, 혈액이 포함된 설사 증상을 보인다. 이물에 의한 폐쇄는 이물의 섭취 시간, 섭취 정도, 폐쇄 위치에 따라 다양한 증상을 보인다. 위장관 천공으로 인한 세균성 복막염 또는 패혈증이 발생할 수 있으며, 일반적으로 구토, 설사, 식욕부진 등 위장장애, 의기소침, 복부 불쾌감 또는 통증, 발열, 심한 경우 저혈량성 쇼크까지 다양한 증상을 보인다.

진단 · 치료 · 예방

진단은 복부 촉진을 통해 이물이나 복부 통증 검사를 통해 확인할 수 있고, 고양이에서 실, 바늘 등의 이물 존재여부 확인을 위해 구강검사를 수행해야 한다. 복부 방사선 사진촬영 검사를 통해 위나 장에 방사선 불투과성의 이물을 확인하고, 장폐쇄, 체액 및/또는 가스로 인한 장 루프 확장 소견이 보일 것이다. 주로 고양이에서 확인되는 선형 이물질로 인한 장주름 소견(그림 3.3-3)이 나타날 수 있다. 전해질 및 산-염기 변화는 근위부 위장관 폐쇄의 경우 일반적으로 저염소혈증, 저칼륨혈증, 대사성 알칼리증을 보이고, 원위부 위장관 폐쇄는 대사성 산증 소견을 보일 것이다. 일반 방사선 사진으로 이물확인이 어려울 경우 조영제를 이용한 복부 방사선 검사를 더 수행할 수 있다. 바륨(Barium) 사용이 일반적이나, 위장관 천공이 의심되는 경우에는 수용성 요오드로 대체하도록 한다. 그 외 복부 초음파 검사를 통해 위장관 이물 및 체액으로 인한 장 루프 확장 여부를 확인해볼 수 있다.

(그림 3.3-3) 선형물로 인한 장폐쇄(장주름 확인)

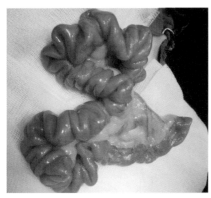 

작고 부드러운 이물은 위장관을 통해 문제없이 통과할 수 있으므로, 복부 방사선 사진 촬영을 통해 이물의 움직임을 추적해 보도록 한다. 만약, 이물이 움직이지 않고, 계속 같은 위치에 존재할 경우, 막힘이나 천공 가능성이 있으므로 내시경이나 외과적 수술이 필요하다. 가능하다면 마취 전에 수액, 전해질 및 산-염기 불균형을 교정하는 것이 좋다.

위 유문부 말단에 이물이 끼여 있거나, 여러 위치에 이물질이 있거나, 패혈성 복막염의 징후가 있거나, 내시경 검사를 이용할 수 없는 경우에는 탐색적 개복술이 필요하다. 종괴로 인한 장중첩 및 폐쇄가 의심되는 경우, 내시경 검사 또는 탐색적 개복술을 해볼 수 있다.

위장관의 활동성을 평가하여, 천공이나 허혈 부위가 있다면 절제해야 한다. 선형 이물질이 위에 존재하고 소장까지 확장된 경우 이물이 쉽게 분리되어 위절개를 통해 제거할 수 없다면, 여러 부위에 걸쳐 장절개술을 해야할 수도 있다.

고양이의 선형 이물질은 길이를 파악할 수 없어 제거하기에 어려울 수 있으며, 위장관 점막 손상 및 활력 상실을 유발할 가능성이 더 커, 위장관 전체에 영향을 미칠 수도 있다. 위장관의 활력이 떨어지거나 천공된 부위가 있다면 이를 절제하고, 정상적인 조직끼리 장문합술을 시행하도록 한다.

이물을 제거한 후 수액을 통해, 전해질, 산-염기 불균형을 교정해야 한다. 복막염이 있을 경우 항생제 투여를 하고, 구토가 없다면 마취 회복 후 12시간 후에 물을 급여할 수 있다. 회복 후 12~24시간 후에도 구토가 없다면 음식을 급여하도록 한다.

위장관의 이물로 인한 폐쇄는 초기에 치료하면 예후가 좋다. 감염이나 쇠약, 저혈량증, 쇼크와 같은 전신 요인으로 인해 심각한 임상 징후가 있다면, 치유가 다소 지연될 수 있다. 또한, 복막염이나 패혈증의 징후가 있는 동물은 수술 후 합병증이 나타날 수 있다. 복막염의 징후가 있거나 다량의 장을 절제해야 하는 동물의 예후는 좋지 않다. 위식도 및 유문부 위치의 장중첩은 사망률이 높으며, 신속한 진단과 수술적 치료는 생존율을 높일 수 있다. 종괴에 의한 이차적인 위장관 폐쇄는 흔하지 않으며 예후는 종괴의 유형에 따라 다양하다.

3.4 출혈성 위장염(Hemorrhagic Gastroenteritis, HGE)

특징

출혈성 위장염(HGE)은 급성 구토, 출혈성 설사, 혈액 농축을 동반하는 개의 급성 출혈성 설사 질환이다. HGE는 미니어처 슈나우저, 푸들, 비숑 프리제, 닥스훈트, 셸티, 카발리에 킹 찰스 스패니얼 등 소형견에서 흔히 발생한다. 주로 어린 개(2~4세)에서 일어나지만, 성별 소인은 확인된 바 없다.

원인

원인은 알려져 있지않으나, 대장균(*E. coli*)나 클로스트리디움속(*Clostridium* spp.)에 의한 장독소혈증에 의한 가능성이 보고된 바 있다(Mark and Keder, 2003). 클로스트리디움속(*Clostridium* spp.)은 개의 소장에서 과증식하여 급성 장점막의 출혈성 괴사 및 호중구성 염증반응을 일으키며, 대장에서도 심각한 병변을 일으킨다. 조직학적으로 위장에서는 병변이 확인되지 않으므로 일부 사람들은 "급성 출혈성 설사 증후군"이 더 적절한 병명이라고 주장하기도 한다. 장내 침투성 증가로 인해 체액, 혈장 단백질 및 적혈구가 장내로 누출되어, 이른바 '라즈베리 잼'과 같은 양상의 심한 출혈성 설사를 일으킨다(그림 3.4).

그림 3.4 출혈성 위장염으로 인한 설사(라즈베리 잼 양상)

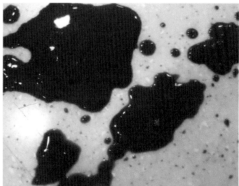

임상증상

극심한 체액 손실로 인해 저혈량성 쇼크에 빠지기 쉽다. 일반적으로 혈변, 흑색변, 우울증, 식욕부진, 구토(토혈이 있을 수 있음), 복통, 때때로 발열 등을 보인다. 중증의 경우, 독소 쇼크로 인해 충혈성 점막, 느린 모세혈관 재충전 시간, 저체온증, 전신 약화 또는 허탈 등이 발생한다. HGE는 전염성은 없다.

진단·치료·예방

HGE 확진을 위한 검사방법은 없지만, 임상증상을 기반으로 진단할 수 있다. 현저한 체액소실로 혈액은 쉽게 농축되어 PCV(packed cell volume)는 50~80%(정상 개 35~55%) 정도이고, 총 혈장 단백질 농도가 정상~약간 감소하는 경우가 많다. 가검물에서 여러 가지 세균(예: *Clostridium* spp, *Salmonella* spp, *Yersinia* spp, *Campylobacter* spp, 장독소성 *Escherichia coli* 등)을 직접 분리하여 확진할 수 있으며, 호중구 백혈구 증가증이나 패혈증 및/또는 파보바이러스 장염 시에는 오히려 호중구 감소증을 보이기도 한다.

체액 및 전해질 이상에 대한 적극적인 치료가 초기 치료에서 중요하다. 점막 투과성 이상과 쇼크를 통한 세균 이동이 일반적인 합병증으로, 항생제 치료 또한 중요하다. 임상 증상이 사라진 후 3~5일 동안 항생제 치료를 지속하도록 한다. 구토가 조절될 때까지 단기 금식(1~3일)이 필요하다. 적극적으로 치료하지 않은 개에서는 사망률이 매우 높다.

3.5 장염(Enteritis)

특징

개에서 장염은 여러 가지 원인에 의해 발생할 수 있다. 원인에 따라, 바이러스 장염, 세균성 장염, 식이성 장염으로 구분할 수 있다. 장염의 대표적인 증상으로 설사를 일으킬 수 있는데, 병변의 위치에 따라 소장성 또는 대장성 설사의 특징을 보일 수 있다. 그 특징은 아래 표를 참고하도록 한다.

I. 소장성 설사

A. 대변에서 악취가 나거나, 흑색변(meleana) 또는 소화되지 않은 음식물 포함

B. 배변 양과 횟수 증가(1일 2~5회)

C. 긴급한 경우는 드묾

D. 체중 감소 흔함

E. 그 외 가스, 설사, 구취, 구토, 식욕 부진, 다식증 등

II. 대장성 설사

A. 점액 또는 신선한 혈액이 섞여 있을 수 있음

B. 소화되지 않은 음식물이 보이지 않음

C. 배변 양은 적거나 다소 증가할 수 있으며, 배변 횟수는 현저히 증가(1일 5~10회)

D. 보호자는 배변을 시도하는 것을 변비로 오해하기도 함

E. 조급함과 긴장감이 나타남

3.5.1 바이러스성 장염

원인

개에서 주로 장염을 일으키는 주요 바이러스는 개 파보바이러스(CPV-1, CPV-2), 개 코로나바이러스(CCV), 디스템퍼 바이러스, 로타바이러스 등이 있으며, 고양이에서는 범백혈구감소증파보바이러스, 코로나바이러스(장 또는 고양이 감염성 복막염[FIP] 바이러스), 로타바이러스, 아스트로바이러스 등이 있다. 특히 고양이 면역결핍 바이러스(FIV)와 고양이 백혈병 바이러스(FeLV)는 전신 감염 증상으로 장염을 일으킬 수 있다. 바이러스 감염은 대부분 오염된 대변을 통해 경구감염 되며, 감염된 동물의 장 융모 또는 선와의 내막

을 이루는 장세포를 침범하여 질병을 유발하며, 특히 CPV-2는 환경 저항성이 강하므로 전염성이 높다. 즉 개의 털이나 환경에서 5개월 이상 생존할 수 있으며, 일반 소독제에는 내성이 있고, 차아염소산나트륨(가정용 일반 표백제)만이 지속적으로 소독 효과가 있다.

임상증상

임상 증상의 중증도는 다양하다. 융모세포가 손상되었을 경우(예: 코로나바이러스 또는 로타바이러스 감염)에는 장세포 재생이 빨라 증상이 덜 심각하다. 그러나 선와 세포 손상 또는 파괴를 일으키는 바이러스 감염(예: CPV-2 감염) 시에는 정상적인 장세포 증식이 중단되고, 융모 흡수 및 장벽 기능의 대규모 손실이 발생하여 감염 증가, 내독소혈증 및 심각한 체액 및 전해질 손실이 발생하기 쉽다. 원인에 따른 특징과 증상은 다음과 같다.

I 개 파보바이러스(Canine parvovirus type 2)

개에서 불현성이거나 무증상 감염을 일으킬 수 있지만, 일부는 급성으로 치명적인 결과를 초래할 수 있다. 무기력증, 거식증, 우울증, 탈수증, 구토, 설사가 가장 흔한 증상이며, 가장 심각한 임상 징후는 면역력이 약한 4개월 미만의 개에서 나타난다. 임상 경과는 4~7일 정도이며, 설사 또는 출혈성 설사, 구토 등이 심하다(그림 3.5.1). 질병 초기에는 발열과 백혈구감소증이 흔하나, 말기에는 저체온증, 파종성혈관내응고(DIC), 내독소 쇼크 등이 나타나며, 중증 감염의 경우 48시간 이내에 패혈증이 나타날 수 있다. 로트와일러, 도베르만 핀셔, 아메리칸 핏불 테리어, 저먼 셰퍼드, 래브라도 리트리버, 알래스카 말라뮤트 품종 같은 특정 품종에서 감수성이 높은 편이다. 파보바이러스에 감염된 대부분의 성견은 무증상을 보인다.

그림 3.5.1 파보바이러스 장염(출혈성 설사 소견)

Ⅱ 개 코로나바이러스(Canine coronavirus)

분변을 통한 경구감염이 주된 경로이며, 성견은 증상이 거의 없으며, 어린 강아지도 증상이 심각하지 않은 경우가 흔하다. 신생 강아지의 경우 심한 구토, 설사, 식욕부진을 보이며, 밀집된 사육환경에서 스트레스가 많은 생활을 할 경우, 다른 바이러스, 장내 기생충 또는 박테리아(예: 살모넬라증, 캄필로박테리아증)에 동시에 감염될 수 있다. 이 바이러스는 파보바이러스만큼 환경 적응력이 강하지 않아, 위생적인 사육환경에서는 감염이 잘 이루어지지 않는다.

Ⅲ 개 홍역 바이러스(Canine distemper virus)

중추신경계 증상이 나타나기 전에 구토, 탈수, 우울증을 동반한 폭발성 설사가 발생할 수 있다. 가장 흔한 임상 증상은 무기력, 식욕부진, 발열, 상부 호흡기 감염이며 이후 경미한 위장염 징후가 나타날 수 있다.

Ⅳ 개 로타바이러스(Canine rotavirus)

로타바이러스 감염은 분변-구강 경로를 통해 전염되는 개의 일반적인 장내 병원균이지만, 경증의 점액성 내지 장액성 설사 이상을 유발하는 경우는 거의 없다. 아주 어린 강아지(2주 미만)에서는 열이 나거나 더 심각한 증상이 나타날 수 있다.

Ⅴ 고양이 범백혈구감소증 바이러스(Feline panleukopenia virus, FPV)

발열, 거식증, 심한 설사, 난치성 구토는 백신을 접종하지 않은 어린 새끼 고양이에서 흔히 발생하며, 가장 높은 이병률과 사망률은 3~5개월 사이에 발생한다. 면역력이 있는 성묘나 예방접종을 잘 받은 성묘의 경우에는 식욕부진, 무기력, 경미한 위장염 증상만 나타날 수 있지만 일반적으로 감염은 제한적이고 무증상이다. 예방접종을 받은 고양이와 예방접종을 받은 성묘에서 태어난 새끼 고양이에서는 임상 질환이 거의 발생하지 않는다. 백신을 접종하지 않은 새끼 고양이의 경우 심각한 백혈구감소증과 빈혈로 인한 이환율과 사망률이 높으며 발병 후 12시간 이내에 탈수, 저체온증, 혼수상태로 발견될 수 있다. 더 상세한 내용은 'Chapter 2. 고양이의 질병'을 참조하길 바란다.

Ⅵ 고양이 장 코로나바이러스(Feline enteric coronavirus, FECV) 및 고양이 감염성 복막염(Feline infectious peritonitis, FIP)

장 코로나바이러스 감염은 특히 성묘의 경우 무증상인 경우가 가장 많지만, 어리거나 면역력이 저하된 고양이의 경우 경미하고, 일부 설사와 발열이 있을 수 있다. 임상적으로 명백한 FEC 감염은 4~12주령의 새끼 고양이에서 가장 흔하다. FECV는 특히 군체에서 거의 어디에나 존재하며, 불현성 감염이 흔하다. 고양이 감염성 복막염(feline infectious peritonitis)은 고양이 장 코로나바이러스 변형체에 의한 감염증이다. 이 질병은 고양이의 위장관에 육아종을 형성하고, 만성 또는 간헐적인 소장 또는 대장 설사를 유발한다는 보고가 있다(Harvey et al., 1996). 병변은 만져질 수 있을 만큼 클 수 있지만, 대부분 초음파 검사나 탐색 수술을 통해서만 발견된다. 더 상세한 내용은 'Chapter 2. 고양이의 질병'을 참조하길 바란다.

Ⅶ 고양이 백혈병바이러스(Feline leukemia virus)

고양이 백혈병 바이러스에 감염되면 이차적으로 림프종 또는 림프육종이 발생할 수 있다. 그러나, 감염된 세포가 신체 어느 위치에 있는지에 따라 다양한 조직 및 장기에 영향을 미칠 수 있다. FLV 에 감염된 일부 고양이에서 식욕부진, 구토, 설사, 체중감소가 나타나며, 흡수장애 소견을 보이기도 한다. 범백혈구감소증 유사증후군(소장성 설사, 체중감소 등)도 종종 관찰된다. 더 상세한 내용은 'Chapter 2. 고양이의 질병'을 참조하길 바란다.

Ⅷ 고양이 면역결핍 바이러스(Feline immunodeficiency virus)

가장 흔한 위장관 증상으로 식욕부진, 수척 및 만성 설사가 나타나며, 이는 장의 융모 위축 및 육아종성 염증에 의해 이차적으로 발생한다. 일부 고양이에서는 만성적이고 간헐적인 설사증상을 보이며, 체중감소는 보이지 않는다. 그러나 면역력이 저하된 고양이의 경우 심하게 설사할 수 있으며, 이로 인한 폐사율이 높은 편이다. 더 상세한 내용은 'Chapter 2. 고양이의 질병'을 참조하길 바란다.

진단 · 치료 · 예방

무분별한 식사 또는 식이 불내증을 포함한 비특이성 장염, 세균성 또는 기생충성 장질환, 독소로 인한 장질환, 위장관 폐쇄(이물질, 장중첩, 종괴), 급성 췌장염, 간염 또는 기타 위장관 외 염증성 질환과 감별진단이 필요하다.

경미한 증상은 대증요법으로 치료하며, 24~48시간 동안 음식을 금지하고 물을 소량, 자주 제공하거나 얼음 조각으로 제공하도록 한다. 물 대신 경구 수화 용액(Enterolyte, Rebound)을 투여할 수 있다. 구토가 완화되면, 소량의 소화가 잘되는 음식을 급여할 수 있다. 장세포의 회복(특히 파보바이러스 감염의 경우)과 정상적인 장 운동 패턴으로 돌아가는 것을 도와줄 수 있다.

고양이 또는 어린 새끼 고양이와 강아지의 경우 추가 영양 또는 수분 공급 없이 3일 이상 금식시키는 것은 위험하다. 구토나 설사가 나아지면 3~7일에 걸쳐 일반식을 시작하고, 탈수증이 있거나 심한 구토나 설사를 하는 경우, 3일 이상 식욕부진을 보이는 개와 고양이에게는 비경구 수액 요법이 필요하다.

입원한 동물은 수분 공급 상태, 치료 반응, 패혈성 쇼크, DIC 또는 장중첩과 같은 합병증 여부를 자주 확인해야 한다. 체중, 전신 신체검사 수행, 적혈구용적(PCV), 혈당 및 전해질 모니터링을 해야한다. 바이러스성 장염에 걸린 개와 고양이는 대부분 대증요법을 초기에 시작할 경우, 패혈증까지 잘 진행되지 않고, 이차 합병증이 심하지 않다면 예후는 좋은 편이다.

3.5.2 세균성 장염

특징

대장균(*E. coli*)은 회장 및 결장에 존재하는 정상적인 세균총의 일부이지만, 그 중 일부가 설사를 유발할 수 있으며, 세균성 장염은 장병원성, 장독소성, 장출혈성, 괴사독성성, 장응집성 또는 장침습성 등으로 분류할 수 있다(Greene, 2006).

원인

살모넬라(*Salmonella typhimurium*)는 소동물에서 장염을 가장 잘 일으키는 병원체이다(McDonough and Simpson, 1996; Greene, 2006). 개와 고양이 모두 살모넬라 균에 감염될 수 있으며, 주로 일시적이거나 무증상 감염을 일으키지만, 중증으로 이환되어 폐사할 수도 있다.

클로스트리디움 균(*Clostridium piriformis*) 감염은 일병 Tyzzer병으로 간 괴사와 함께 만성 출혈성 장염을 일으키는 드문 질환이다. 건강한 개뿐만 아니라 설사하는 개와 고양이 모두 발견될 수 있다. 클로스트리디움 퍼프린젠스 (*C. perfringens*)는 개와 고양이의 정상적인 결장 세균총의 일부이지만, 포자형성이 허용되는 조건(예: 알칼리성 환경, 항생제 치료, 식이 변화, 면역억제)에서는 장독소가 방출되어 장액성 또는 출혈성 급성~전급성 설사를 유발한다.

캄필로박터 제주니(*Campylobacter jejuni*)와 캄필로박터 업살리엔시스(*Campylobacter upsaliensis*)는 운동성이 있는 미호기성 박테리아로, 개집에 갇힌 강아지나 새끼 고양이, 스트레스를 받거나 면역력이 저하된 강아지나 새끼 고양이에게 가장 흔히 장염을 유발한다.

장병원성 대장균은 소장의 점막세포에 부착하여 미세융모의 손실을 일으키고, 장출혈성 대장균은 혈관 내피에 손상을 입히고 단백질 합성을 억제하며 체액 분비를 변화시키는 베로톡신(이질균 유사 독소)을 생성한다. 괴사독성 대장균(*Necrotoxigenic E. coli*)은 세포독성 괴사인자를 생성하여 점막세포에 부착하여 세포를 침입·파괴하여 설사를 유발한다. 침입성 미생물은 장 상피에 침입하여 국소 염증 및 점막 파괴를 유발하여 장염을 유발한다. 침입성 미생물의 예로는 살모넬라 종, 예르시니아 종, 캄필로박터 종, 장침습성 대장균 균주 등이 있다. 적절하지 못하거나 과도한 항생제 치료는 정상적인 장내 세균총을 변화시키고 항생제 내성 세균 병원균의 침입을 용이하게 한다.

임상증상

독소 분비 박테리아에 의한 설사보다 침습성 박테리아에 의한 설사가 더 흔하다. 독소 분비 박테리아에 의한 설사는 일반적으로 묽은 설사로 염증 반응이나 전신 질환은 보이지 않는다. 탈수 및 전해질 불균형을 빠르게 일으키지만, 대변에 혈액, 점액 또는 세포 찌꺼기는 잘 보이지 않는 특징이 있다. 침습성 박테리아에 의한 설사는 대개 급성, 출혈성 또는 점액성이며 질병의 다른 임상 징후(예: 발열, 복부 불쾌감, 구토, 식욕부진)를 유발할 수 있다. 설사는 심각한 위장염과 체액 손실을 초래할 수 있으며, 대장염의 징후와 함께 주로 대장에 영향을 미칠 수도 있다. 살모넬라속(*Salmonella* spp.), 장침습성 또는 장출혈성 대장균, 클로스트리움속(*C. piriformis*) 등은 심각한 전신 증상을 유발할 수 있다.

병력 및 임상 증상을 확인하고, 대변 세균배양, 세균독소나 DNA의 PCR 검출, 대변 내 세균독소를 확인하여 확진할 수 있다.

탈수와 전해질 불균형 교정을 위해 보존 요법을 시행한다. 구토가 있는 경우 적절한 IV 수액 요법을 실시하고, 설사로 인해 박테리아 독소와 염증 물질들이 제거될 수 있으므로, 장운동을 억제하는 약물을 쓰지 않도록 한다. 장 보호제는 때때로 경미한 질병을 앓고 있는 개에서 독소의 영향을 줄이고 염증을 줄이는 데 도움이 될 수 있다. 특히 병원체가 확실하다면 항생제 치료가 필요하나, 캄필로박터 속(Campylobacter spp.) 세균감염 시 항생제 치료는 논란의 여지가 있다. 타이로신(11 mg/kg PO BID ~ TID)은 원인이 확인되지 않은 세균성 장염 또는 항생제 반응성 장염에 사용할 수 있다.

야생 먹이나 오염된 식품과 같은 잠재적인 원인을 제거함으로써 감염을 예방할 수 있으며, 동물 모니터링은 바이러스 감염 시와 동일하다.

3.6 | 거대결장(Megacolon)

거대결장이란 결장과 직장이 팽창 및 비대된 것으로, 주로 고양이에서 자주 발생한다. 대체로 원위 결장, 직장 또는 항문의 기계적 폐쇄 또는 기능적 이상으로 인해 발생하며, 일반적으로 후천성 질환이다.

주로 골반 골절 또는 탈구, 전립선비대증, 장골 림프절 비대, 결장이나 직장 내 이물 또는 신생물에 의한 기계적 폐쇄로 인해 발생한다. 드물지만 자율 신경 장애, 천골 척수 또는 골반 신경 기능 장애가 원인이 될 수 있다. 고양이에서 주로 후천적으로 특발성으로 발생한다.

임상증상

이전에 골반 외상, 전립선 질환, 재발성 변비 또는 폐쇄의 병력이 존재할 수 있다. 배변 시도를 자주 하지만 배변을 쉽게 하지 못하며, 소량의 액체 대변만 배출된다. 대변에 신선한 혈액이 섞여 있을 가능성이 높고, 그 외 거식증, 구토, 무기력, 탈수, 체중 감소 등의 증상을 보인다.

진단 · 치료 · 예방

- 딱딱한 대변으로 채워진 결장을 촉진할 수 있다.
- 항문 또는 직장 협착 또는 종괴, 골절로 인한 골반입구 협착, 전립선비대 또는 림프절병증, 질 또는 요도 내 종괴 등을 확인하기 위해 직장검사를 해볼 수 있다.
- 방사선 촬영을 통해 다음을 확인할 수 있다.
    - √ 최근 또는 치유된 골반 골절 또는 탈구
    - √ 축적된 대변으로 인해 팽창된 대장(그림 3.6)
    - √ 대장 내 이물(섭취한 뼈 포함)
    - √ 인접 조직의 비대
    - √ 골절, 꼬리 분리 또는 기타 척추 이상
- 그 외 종양 및 기타 원인을 확실하게 진단하기 위해 대장내시경검사, 생검 및 조직병리검사 등을 수행할 수 있다.

그림 3.6 거대 결장: 변비와 거대 결장

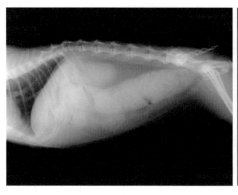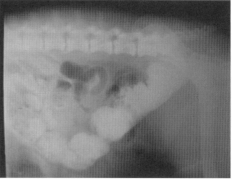

탈수증상이 있는 경우 수액요법을 제공한다. 동물환자의 상태가 안정되면 대변을 제거하도록 한다. 결장 내 분변이 너무 딱딱하지 않을 경우에는 따뜻한 물로 관장을 시도해볼 수 있다. 이때 전신마취하에 윤활제를 사용하여 손가락을 이용해서 관장을 해야할 수도 있다. 윤활액(예: 희석된 수용성 젤리)을 주입하고, 손가락을 이용해 대변을 분해한다. 만약 기구를 사용해 대변을 빼낼 경우 결장 점막과 직장 주위 조직이 손상되지 않도록 주의해야 한다. 또한, 근본적인 원인도 해결해야 한다. 재발이 흔하기 때문에, 특히 기능 장애가 있거나 근본 원인을 교정하기 어렵다면 섬유질 식단, 자주 배변을 하는 습관 들이기, 배변을 쉽게 할 수 있도록 완하제 사용하기 등 여러 가지 예방 조치를 수행할 수 있다.

외과적 결장절제술은 치료에 반응하지 않고, 재발성 변비를 심하게 앓는 특발성 거대결장을 가진 고양이에게 적용할 수 있다. 대부분의 고양이에서 장기능은 정상이며, 수술 후에도 지속적인 주의가 필요하다.

치료의 효능을 결정하기 위해 배변 상태와 횟수 등을 주의깊게 관찰하도록 한다. 특발성 거대결장을 앓고 있는 고양이의 경우 일반적으로 집중적으로 관리해야 하며, 자주 재발한다면 대장절제술을 고려해야한다.

3.7 | 췌장염(Pancreatitis)

특징

췌장은 선세포(acinar cell)와 도관(duct)으로 구성되어 있으며, 내분비와 외분비 기능 모두 가지고 있다. 아밀라아제(amylase), 리파아제(lipase) 등의 소화효소를 합성하고 분비한다. 소화효소를 생성하는 선세포에 둘러싸인 랑게르한스섬에서는 포도당 대사와 혈당을 조절하는 인슐린(insulin), 글루카곤(glucagon) 같은 호르몬을 합성, 분비한다. 췌장염은 외분비성 세포의 침윤 및 췌장 효소에 의한 간질 손상을 동반하는 췌장 외분비 조직의 염증 상태로 개와 고양이 모두 발생하며, 급성과 만성으로 분류할 수 있다.

원인

비만견은 급성 췌장염에 걸릴 위험이 더 크다. 또한 간담도(hepatobiliary duct) 또는 소장의 염증성 질환이 있는 경우 췌장까지 확장되어 나타날 수 있다. 십이지장 내압이 높은 경우(예: 구토 중) 발생할 수 있다.

임상증상

개와 고양이에서 임상증상은 다양하고 비특이적이다. 주로 중증 췌장염 시 증상이 나타난다. 사람에서 대부분 나타나는 복통이 개와 고양이에서 흔치 않은 이유는 보호자가 인식하지 못해서일 수 있다.

- 식욕결핍, 구토, 허약
- 복통(개는 앞다리와 머리가 바닥에 닿고, 뒷다리는 공중에 뜬 상태인 기도자세를 취한다)
- 탈수
- 설사

그림 3.7 췌장염을 앓고 있는 개에서 상복부 통증을 암시하는 특징적인 '기도자세'

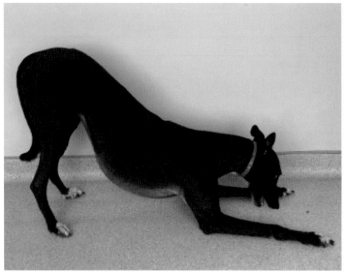

출처: American Kennel Club.

진단 · 치료 · 예방

급성 췌장염에 대해 100% 민감하고 특이적 진단 검사는 없으며, 임상증상, 병력, 소인, 실험실 결과 및/또는 영상 소견을 통해 추정할 수 있다.

정상적인 체액 균형과 전해질을 교정하고 유지하는 것이 치료에 있어 가장 중요하다. 구토를 조절하고, 복통을 완화시키고, 췌장 미세순환 완전성을 유지시키는 것이 필요하다. 합병증을 예측하고 관리하여야 하며, 고탄수화물, 저지방 식단을 점진적으로 급여하도록 한다. 중증 췌장염의 경우, 급성 신부전, 파종성 혈관내 응고(DIC), 췌장 농양, 패혈증 등의 합병증이 발생할 수 있다. 췌장염으로 인한 고혈당증과 산증은 수액요법으로 치료할 수 있다. 당뇨병성 케톤산증이 있는 경우 인슐린 치료를 한다.

외분비성 췌장 부전(Exocrine pancreatic insufficiencyI)은 아밀라아제, 프로테아제, 리파아제와 같은 외분비 췌장 효소 결핍으로 인해 음식을 제대로 소화하지 못하거나 소화 불량이 발생하는 질환으로 주로, 만성 췌장염으로 인해 일어날 수 있다. 경증의 부종성 췌장염은 예후가 상당히 좋은편이면, 중증, 출혈성 또는 괴사성 췌장염은 예후가 좋지 않다.

3.8 개 전염성 간염(Infectious Canine Hepatitis)

특징

간은 다양한 독성 화합물을 대사하고, 해독하고, 저장하는 역할 등 수많은 기능을 하는 기관이다. 간은 재생능력이 뛰어나고, 기능적 예비력이 커서 영구적인 손상으로부터 간은 어느 정도 보호될 수 있으나, 다양한 독성 화합물을 대사하고, 해독하고, 저장하는 역할을 하기 때문에 손상되기 쉽다. 간부전은 간 기능 상실을 의미하며, 여러 가지 원인에 의해 급·만성으로 일어날 수 있다. 간이 재생되고 손상이 보상될 때까지 간 기능을 지지할 수 있는 처치를 하는 것이 중요하고, 근본적인 원인이 있다면, 이를 확인하고 치료하는 것이 중요하다.

원인

개 전염성 간염은 개 아데노바이러스 1형(Canine adenovirus-1, CAV-1)으로 인해 발생하며, 전 세계적으로 개에서 발생하는 전염병이다. 감염된 개의 소변, 대변, 타액에 의한 구강 또는 비강 접촉이 주된 감염 경로이다. 매개물이나 체외 기생충을 통한 전파도 가능하고, 공기를 통한 전염은 희박하다. 바이러스는 비인두, 결막 또는 구강을 통해 감염되어 편도(tonsil)에서 복제된 후 림프관을 통해 국소림프절 및 혈류를 따라 퍼진다. 이후 폐, 간, 신장, 비장, 눈 등 다양한 조직에 감염되어, 손상을 일으킨다. 조직 손상뿐만 아니라 파종성 혈관 내 응고(Disseminated Intravascular Coagulation, DIC)가 일어날 수 있다. 간에서는 처음에 쿠퍼세포(Kupffer's cell)를 감염시킨 후 다른 간세포(he-patocyte)로 퍼진다. 회복된 개는 6개월 이상 소변으로 바이러스를 배출할 수 있다. 바이러스는 실온에서 수 개월 생존가능하지만, 개 파보바이러스 소독제에 쉽게 비활성화될 수 있다. 백신이 널리 사용되기 전에는 성견에서도 흔하게 발생하였으나, 현재는 1세 미만의 개에서 흔히 발생하고 있다.

임상증상

4~9일의 잠복기를 거친 후 주로 임상증상이 나타나며, 무증상 또는 미열에서부터 급성 폐사까지 다양한 증상을 보인다. 폐사율은 평균 10~30% 정도이며, 어린 개일수록 폐사율이 높다. 감염 초기에는 40℃ 이상의 열이 있을 수 있고, 다음과 같은 비특이적인 증상을 보이기도 한다.

• 무기력, 갈증, 식욕 소실 등과 같은 비특이적인 증상

• 결막염, 장염, 눈·코 등의 분비물, 각막 부종(푸른 눈, blue eye)

• 토혈을 포함한 복통 및 구토

• 구강 점막의 점상출혈과 같은 응고병증이나 혈관염 증상

• 뇌염증상: 발작, 운동실조, 맴돌기, 실명, 머리 기울기, 안구진탕 등

• 간성 뇌병증(hepatic encephalopathy), 두개내 혈전증

심급성(peracute), 급성(acute), 만성(chronic) 형태의 감염으로 구분할 수 있으며, 심급성 형태의 경우 순환기 허탈, 혼수, 증상 발현 후 24~48시간 내 폐사에 이른다. 급성 형태가 흔하며, 질병에 걸린 후 2주 이내 회복되거나 폐사할 것이다. 면역이 있는 개의 경우, 만성의 형태로 진행되어, 수 주~수 개월간 간부전을 앓다 폐사할 수 있다.

그림 3.8 각막 부종(푸른 눈)

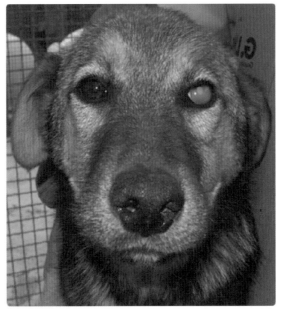

출처: www.pashudhanpraharee.com

진단 · 치료 · 예방

개 전염성 간염의 임상 징후는 비특이적일 수 있지만 심각한 간 기능 장애, 응고병증, 파종성 혈관 내 응고(DIC) 또는 각막 부종 및 혼탁의 증거가 있는 어린 강아지는 ICH를 의심하여야 한다. 부검 전 진단을 위해 상용화된 ELISA 키트검사, 혈청학적 검사, PCR 검사 등을 이용할 수 있다.

개 전염성 간염의 치료는 지지요법이 최선이다. 혈관 투과성 증가 및 저알부민혈증을 주의 깊게 모니터링하고, 과다수분 공급이 되지 않도록 적절하게 수액 요법(결정질 체액 및 혈액제제 포함)을 실시한다. 2차 세균 침입을 막기 위해 항생제를 투여하고, 일시적인 각막 혼탁(ICH 과정에서 발생할 수 있거나 약독화 생 CAV-1 백신 투여와 관련될 수 있음)은 일반적으로 치료가 필요하지 않지만, 아트로핀 안연고를 바르면 때때로 이와 관련한 통증이 다소 완화될 수 있다. 각막 혼탁이 있는 개는 밝은 빛으로부터 눈을 보호해주도록 하고,

전신 코르티코스테로이드는 ICH와 관련된 각막 혼탁의 치료에 금기이다.

주사 가능한 변형 생바이러스(MLV) 백신이 이용 가능하며 종종 다른 백신과 함께 투여할 수 있다. 개 홍역 예방접종 시 개 전염성 간염 예방접종을 함께 권장하고, 면역이 있는 암캐의 모체 항체는 생후 9~12주가 될 때까지 강아지의 활성 예방접종을 방해하므로, 이후 실시하도록 한다. 약독화 생 CAV-1 백신은 각막의 일측성 또는 양측성 혼탁을 일시적으로 일으키고 바이러스가 소변으로 배출될 수 있으므로, CAV-1에 대한 교차 보호 기능을 제공하는 살아있는 약독화 CAV-2 균주는 각막 혼탁이나 포도막염을 유발하는 경향이 거의 없고 바이러스가 소변으로 배출되지 않기 때문에 우선적으로 사용될 수 있다. 주사용 MLV CAV-1 백신에 의해 유도된 면역이 3년 이상 지속되며 일부 상업용 백신의 경우 재접종 기간이 더 길 수도 있다.

동물병원 및 개집의 소독과 관련하여 CAV-1은 환경 내에서 몇 주 또는 몇 달 동안 생존할 수 있으며, 에테르와 같은 지질 용매뿐만 아니라 산과 포르말린에도 내성이 있음에 유의한다. 그러나 스팀 청소나 1~3% 차아염소산나트륨 용액(가정용 표백제)에 노출하면 비활성화될 수 있다.

3.9 담낭 점액낭(Gallbladder Mucoceles, GBM)

특징

최근 담낭 점액낭(GBM)은 개의 간외 담도(extrahepatic biliary duct, EHB) 질환의 원인으로 알려져 왔다. 고양이에서 발생 예는 거의 보고된 바가 없다. 담낭 점액낭은 담낭 내강 내에 끈적한 담즙이나 점액이 비정상적으로 축적되어 확장된 것을 말한다. 그로 인해 담도계 전체에 걸쳐 녹색-검정색 젤라틴 담즙 또는 점액이 확산되어, 담관이 비정상적으로 팽창하여 다양한 정도의

EHB 폐쇄를 유발한다. EHB 폐쇄로 인해 담낭이 팽창하고, 궁극적으로 담낭벽의 괴사와 파열로 이어져 복막염을 일으킬 수 있다.

원인

원인은 잘 알려져 있지 않지만, 복잡하고 여러 가지 요소에 의해 발생한다고 한다. 내분비질환(예: 부신피질기능항진증, 갑상선기능저하증 등), 고지혈증(콜레스테롤이 담즙산으로 전환되는 양 증가와 관련), 담낭 운동성을 저하시키는 스테로이드호르몬(예: 프로게스테론) 의존성과 이 질병은 관련이 있다. 일반적으로 담즙정체로 인해 담낭 내 담즙이 농축됨으로써 담낭벽이 자극되고, 점액생성이 증가하게 된다.

임상증상

대체로 비특이적이며, 구토, 무기력, 식욕부진, 복통, 황달, 다음다뇨 등이 흔한 증상이다(그림 3.9-1). 무증상일 수도 있다.

그림 3.9-1 간질환으로 인한 황달(구강점막, 배쪽 피부, 공막)

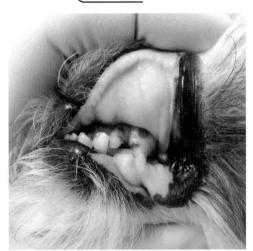
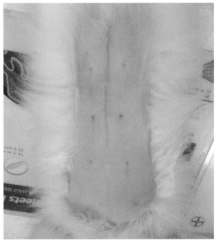

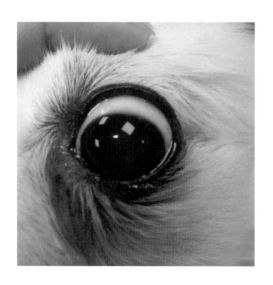

병력, 신체검사 및 혈청 생화학 소견과 함께 독특한 초음파 소견으로 인해 쉽게 진단된다.

그림 3.9-2 절제한 담낭과 결석

내과적 처치는 권장되지 않고, 원인이 있다면 원인을 치료한다. 무증상일 경우 담즙분비 촉진제 또는 간 보호제 등을 사용할 수 있다. 이상지질혈증이 있는 동물의 경우 저지방식이를 하도록 하고, 정기적인 모니터링을 하도록 한다. 증상이 심하거나, 파열 가능성이 있을 경우 즉각 외과적 수술을 수행하도록 한다. 수술 시 생존율은 60% 이상이며, 수술 후 담즙으로 인한 복막염, 패혈증, 파종성혈관내응고 등의 합병증이 생길 수 있다.

3.10 항문낭 질환(Anal Sac Disease)

특징

항문낭은 개의 항문에서 아래쪽 4시, 8시 방향 피부 밑에 있는 주머니 형태의 샘조직이다(그림 3.10-1). 이 샘조직에서는 식초 냄새같은 악취가 나는 분비물을 생성하여 저장하고 있다가 각각 가는 관을 통해 항문의 바로 안쪽에서 분비된다.

그림 3.10-1 항문낭 위치

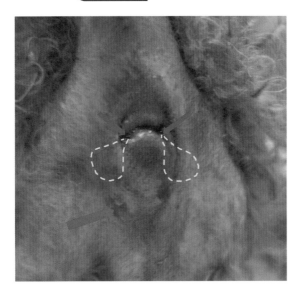

항문낭 개구부: 파란색 화살표
항문낭: 노란색 점선
항문낭 누공: 발간색 화살표

이 분비물은 고약한 냄새를 풍겨 스컹크의 분비물처럼 적을 쫓는데 사용되기도 하지만, 반려견마다 다른 고유의 냄새를 풍기게 되므로 반려견들이 만나서 서로의 정보를 탐색하기 위해 항문 냄새를 맡기도 한다.

원인

항문낭액은 지속적으로 샘조직에서 만들어지며 주로 변을 보거나 흥분상태에서 항문 괄약근의 수축작용에 의해 정체되지 않고 정상적으로 밖으로 배출된다. 하지만 만들어지는 양보다 분출되는 양이 적거나 배출관이 먼지나 세균감염 등에 의한 염증 등에 의해 막힐 경우 혹은 노령이나 비만으로 인해 항문 괄약근의 수축력이 낮아진 경우 항문낭액이 완전히 배출되지 못하고 정체되게 된다. 항문낭액이 정체되면, 세균이 감염으로 인해 염증을 일으키기 쉽고, 심할 경우 항문낭이 파열되어 항문낭액이나 농이 바깥으로 배출되기도 한다(그림 3.10-2).

그림 3.10-2 항문낭염(좌)과 항문낭파열(우)

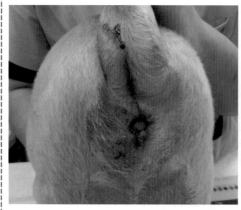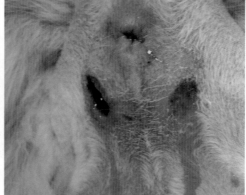

임상증상

• 항문낭 주위 피부 발적 및 부종

- 가려움증 또는 통증

- 엉덩이 끌기로 인한 피부 찰과상

- 배변곤란

진단 · 치료 · 예방

항문낭염은 육안검사로 가능하며, 파열됐는지는 항문낭 조영촬영검사를 통해 확진할 수 있다(그림 3.10-3). 소염진통제 및 항생제 처치를 하고, 무른 변을 유도하기 위해 섬유질이 많은 식이를 권장한다. 배변곤란이 심할 경우 관장을 할 수 있다. 항문낭이 파열되었거나, 염증이 심한 경우 항문낭을 제거해주는 수술을 할 수도 있다(그림 3.10-4).

그림 3.10-3 항문낭 조영촬영

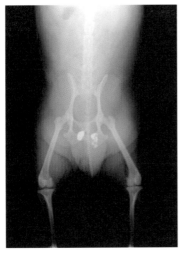 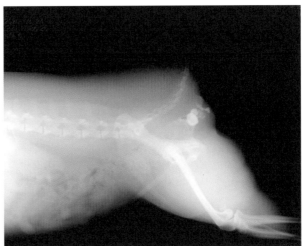

항문낭 질환을 예방하기 위해서는 운동을 통해 비만을 예방하고, 부드러운 음식만 급여하지 않도록 하여, 배변 시 항문에 충분한 압력이 가해져 원활한 배변이 가능하도록 하는 것이 좋다. 그리고 목욕 시 혹은 주기적으로 항문낭액을 보호자가 짜주어 제거해주는 등의 관리를 해주면 좋다.

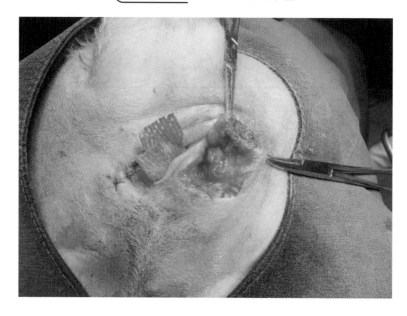

그림 3.10-4 항문낭 제거수술

항문낭을 짜는 방법은 꼬리를 12시 방향으로 올린 뒤, 엄지와 검지를 이용해서 항문낭 아래에서 위로 가볍게 눌러 짜야 한다. 약 80%를 배출시키는 정도로만 짜도록 하고 완전히 비우려고 할 경우 물리적 자극으로 인해 항문낭을 손상시킬 수 있으니 주의하도록 한다.

3.11 | 탈장(Hernia)

탈장(hernia)은 신체 장기가 제자리에서 벗어나 다른 조직을 통해 빠져나오거나 돌출된 것을 말한다. 탈장 부위에 따라 배꼽 탈장, 서혜부 탈장, 회음부 탈장, 횡격막 탈장이 있다.

배꼽탈장(Umbilical Hernia)

특징

배꼽탈장(umblical hernia)은 태어난 직후 탯줄을 제대로 자르지 않거나 아물지 못한 것이 원인이 되어 복벽이 제대로 유착되지 않아 발생할 수 있다. 피부 아래 벌어진 복강 근육 틈새로 장이나 지방 등이 밀려나올 수 있으며, 수술치료가 반드시 필요한 것은 아니다(그림 3.11.1). 탈장 부위의 크기가 많이 크거나 갑자기 커진 경우, 탈장된 부위의 피부색 변화 등이 확인될 경우 즉시 동물병원에 내원하여 치료를 받아야 한다.

그림 3.11.1 배꼽탈장

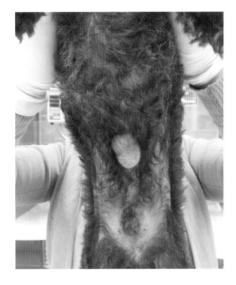 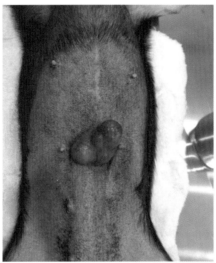

원인

- 선천성

- 후천성: 교통사고 등에 의한 외상, 변비 등의 복압상승 요인

- 노령성: 조직을 지지하는 인대나 근육의 힘이 약해진 경우

- 배꼽 주위의 통증과 열감
- 구토
- 식욕부진
- 의기소침

배꼽 탈장은 일반적으로 신체 검사에서 탈장으로 인한 부종을 발견하여 진단할 수 있다. 또한 복부 내용물의 포함여부를 확인하기 위해 방사선 조영 촬영이나 복부 초음파를 수행할 수 있다.

배꼽 탈장은 수술로 개구부를 교정하고, 탈장된 복강 내용물을 제자리로 돌려놓는 것이다. 일부 배꼽 탈장은 생후 6개월이 되면 저절로 닫혀 치료가 된다. 그러나, 배꼽 탈장 부위가 작으면 수술치료가 필요하지 않을 수 있지만, 탈장 부위가 크다면 합병증의 위험을 제거하기 위해 수술치료가 필요하다. 대부분 배꼽 탈장은 유전되므로 번식을 금하는 것이 좋다.

3.11.2 서혜부 탈장(Inguinal Hernia)

서혜부(inguinal)란 개에서 뒷다리의 안쪽 접히는 부분으로 사타구니 부분을 말한다. 이 서혜부에는 샅굴구멍이라고 하는 생식기의 일부와 다리로 가는 혈관, 신경이 복벽에서 피하로 내려오는 통로가 존재하는데 생식기가 내려올 때 비정상적으로 고환, 장간막, 장의 일부 등이 따라 나오기도 한다. 이를 서혜부 탈장이라고 한다(그림 3.11.2). 가벼운 증상에서 생식기의 기능을 떨어뜨리거나 생명을 위협할 수 있는 상황까지 갈 수 있으므로, 신속하게 치료받아야 한다.

그림 3.11.2 서혜부 탈장

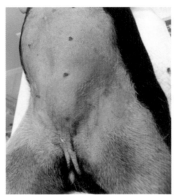

원인

- 개에서 서혜부 탈장은 후천성 또는 선천성으로 발생할 수 있다. 가장 흔한 요인은 외상, 비만, 임신 등이다.
- 대부분의 서혜부 탈장은 심각하지 않으며, 사타구니 부위가 붓는 것 외에는 특별한 증상이 없다. 그러나 복강의 내용물(예: 방광, 장 또는 자궁)이 개구부를 통과하여 거기에 갇히게 되면 생명을 위협할 수 있다.

임상증상

단순 서혜부 탈장의 경우 사타구니 부위의 부드러운 부종(신체 한쪽 또는 양쪽에서 발생할 수 있음) 증상을 보인다. 그러나, 복강 내용물이 포함된 경우 다음과 같은 증상을 보일 수 있다.

- 사타구니 부위의 부종 및 열감
- 구토

- 통증

- 잦은 배뇨 시도

- 혈뇨

- 식욕부진

- 의기소침

일반적으로 신체 검진에서 탈장으로 인한 부종을 발견하여 진단할 수 있으며, 그 외 방사선 조영촬영 및 복부 초음파를 수행할 수 있다.

치료는 수술을 통해 개구부를 교정하고, 복강 내용물을 제자리에 넣는 것이 중요하다. 서혜부 탈장이 있는 개는 유전될 수 있으므로, 번식을 금한다.

3.11.3 회음부 탈장(Perineal Hernia)

특징

회음부(perineal)는 항문과 외음부 사이를 말하며, 이 부위는 골반장기를 지지하는 역할을 한다. 회음부 탈장은 이 부분의 근육이 약해지거나, 외상으로 인해 파열되어, 내장 또는 지방 등 복강 내용물이 피부 아래의 비정상적인 위치로 탈출하여 발생한다(그림 3.11.3). 중년령 이상의 중성화하지 않은 수캐에서 가장 흔히 발생하며, 고양이와 암컷 개에서는 흔하지 않다.

그림 3.11.3 회음부 탈장과 수술

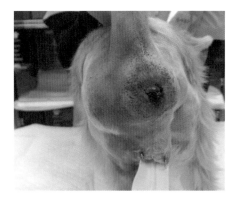
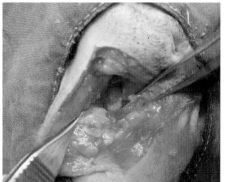
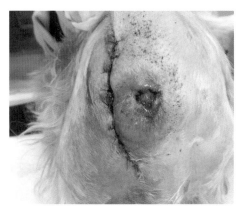

원인

품종 소인, 호르몬 불균형, 전립선 질환, 만성 변비, 만성 긴장으로 인한 골반 골반 주의 근육 약화 등 많은 요인이 있다. 중성화하지 않은 수캐에서 발생률이 더 높은 것으로 보아 호르몬 영향이 주된 역할을 한다는 보고가 있다. 성호르몬 불균형으로 인한 전립선비대증과 관련성이 높은 편이다. 에스트로겐과 안드로겐과 같은 호르몬이 영향을 끼칠 수 있다.

임상증상

• 일반적으로 통증이 없는 회음부 부종

• 변비 또는 폐쇄

- 배변곤란

- 배뇨곤란

개의 회음부 탈장의 진단은 병력과 신체검사를 기반으로 하며, 무엇보다 중요한 것은 움직이거나, 크기가 변하기도 하는 회음부 부종 부위를 찾는 것이다. 방광 탈출이 있는 경우 단단한 덩어리도 만져질 수 있다. 복부 방사선 사진을 통해 대변으로 인한 직장 팽창, 방광 탈출로 인한 회음부 연조직 음영 증가, 가스가 차 있는 장 루프 등을 확인할 수 있다. 회음부 초음파촬영 검사를 통해 전립선, 방광 또는 장 일부가 탈장 부위에 존재하는지 확인할 수 있다.

수술적 교정이 기본 치료법이며, 회음부 탈장은 방광이 탈출되어, 요도폐쇄을 일으키거나, 장의 일부가 조여 허혈이 발생할 수 있으므로, 대부분의 경우 응급 상황이다. 요도 카테터 삽입이 불가능할 경우, 방광천자를 통해 소변을 제거하고 탈장부위의 크기를 최대한 줄이도록 해야한다. 요도 개통을 유지하고, 요도폐쇄가 재발하지 않도록 요도카테터를 유지장착할 필요가 있다. 수술 후, 재발을 줄이기 위해 동시에 중성화 수술을 수행하는 것이 좋다. 이 질환은 재발률이 높으며(10~46%) 수술 후 감염, 직장루, 항문낭루, 좌골 및 음부 신경 손상, 직장 탈출 등의 합병증이 발생할 수 있으므로, 예후는 다양하다.

3.11.4 횡격막 탈장(Diaphragmatic Hernia)

특징

얇은 근육인 횡격막은 개의 흉강과 복강을 분리하는 중요한 장벽이다. 호흡시 폐가 팽창할 수 있도록 횡격막이 편평해지면, 흉강 내부는 공기가 폐 안으로 들어올 수 있는 진공상태가 된다. 숨을 내쉴 때는 횡격막이 정상적인 돔 모양으로 흉강 내로 올라감으로써 공기가 쉽게 외부로 배출될 수 있도록 도와준다. 그러므로 횡격막 근육이 찢어지면 복강 내용물(예: 위, 소장 등)이 흉강으로 이동할 수 있으며, 정상적인 호흡에 심각한 문제가 발생할 수 있다. 횡격막 허니아는 호흡기 질환으로 분류할 수 있으나, 이 Chapter에서는 위(stomach), 간(liver), 장(intestine) 등 복강의 장기가 흉강으로 빠져나가 호흡곤란과 함께 환자가 지속적으로 구토를 하거나, 음식물을 섭취하지 못하는 소화기 증상을 일으키는 질환으로 이 Chapter에서 짧게 다루고자 한다.

원인

선천적인 횡격막 탈장은 태어날 때부터 횡격막에 비정상적인 구멍이 있어, 그 사이로 복강 장기가 이동하고, 간혹 심낭내로 들어갈 수도 있다. 이를 복막심낭횡격막 허니아(Peritoneal-pericardial diaphragmatic hernia)라고 한다. 후천적으로 발생하는 횡격막 탈장은 보통 외상으로 인해 발생한다.

임상증상

- 호흡 곤란
- 구토
- 설사
- 식욕부진
- 체중감소
- 거식증

선천적으로 횡격막 허니아가 있는 환자는 무증상인 경우가 많다. 후천적으로 횡격막 허니아가 있는 환자는 점 더 심각한 증상을 보일 수 있다. 횡격막이 손상된 부위에 탈장된 복강 장기가 장기간 끼어 감돈 상태가 되거나 장기가 괴사할 수 있다.

횡격막 탈장은 신체검사 후 방사선 촬영검사로 가장 쉽게 진단할 수 있지만, 횡격막이 찢어진 부위가 너무 작을 경우 방사선 촬영검사에서 놓칠 수도 있다. 외상의 병력이 있는 경우 수의사는 반복적인 방사선 촬영검사 또는 특수 영상 촬영 등을 추가하여 탈장 여부를 확인하는 것이 좋다(3.11.4). 또한 흉부 및 복부 방사선검사와 더불어 초음파 검사로 횡격막의 손상 위치와 복강 장기의 이동 상태를 파악할 수 있다.

그림 3.11.4 횡격막 탈장과 조영촬영 사진

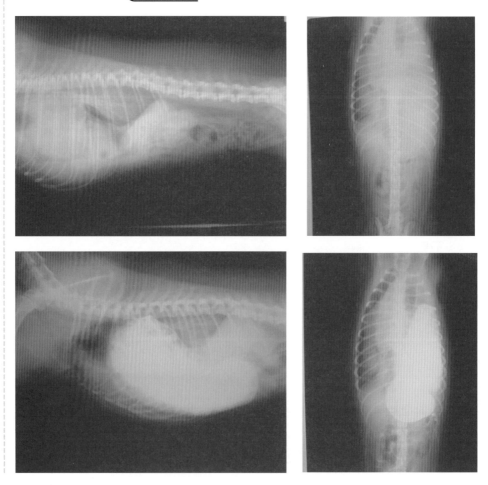

횡격막 탈장은 일반적으로 수술로 치료한다. 선천적으로 횡격막 탈장이 있는 동물 환자의 경우 수술을 견딜 수 있는 정도의 체중과 나이가 되었을 때 가능한 빨리 수술을 하는 것이 좋다. 후천적으로 횡격막 탈장이 있는 동물 환자의 경우 호흡 곤란에 대한 산소 공급 및 수액처치로 탈수를 교정하여 환자를 안정화시킨 후 탈장을 교정해주도록 한다.

4. 내분비 및 대사성 질환

Diseases of the Endocrine and Metabolic System

4.1 | 당뇨병(Diabetes Mellitus, DM)

특징

당뇨병(Diabetes Mellitus, DM)은 혈중 포도당 농도가 비정상적으로 증가하고, 이로 인해 소변으로 당이 배출되는 되는 것을 말한다. 당뇨는 크게 인슐린의 분비 감소로 의한 인슐린의존성 당뇨(1형), 인슐린의 기능이 저하되어 나타나는 인슐린비의존성 당뇨(2형), 쿠싱 등 다른 질병으로 나타나는 이차적인 당뇨(3형)로 나눌 수 있으며, 개의 경우 대부분 1형 당뇨이며, 고양이에서는 2형 당뇨가 많이 나타난다. 호르몬의 영향으로 중성화하지 않은 암컷 강아지와 비만견에서 많이 나타나며, 7세 이상의 노령견에서 나타나는 대표적인 호르몬성 질환이다.

원인

인슐린 생산 및 분비 감소의 원인은 다양하지만, 주로 면역 손상 또는 중증 췌장염(개) 또는 아밀로이드증(고양이)에 따른 이차적인 섬세포(islet cell) 파괴와 관련있다. 외분비 및 내분비 세포가 점차 손상되고, 섬유성 결합 조직으로 대체되는 만성 재발성 췌장염을 앓는 경우 당뇨병이 나타날 수 있다. 제 2형 또는 3형 당뇨병은 자연적 부신피질항진증(spontaneous hyperadrenocorti-cism) 또는 글루코코르티코이드(glucocorticoid)나 프로게스틴(progestins)을 만성적으로 투여한 개에서 흔히 발생한다. 임신과 출산 역시 당뇨병을 일으킬 수 있으며, 개에서는 프로게스테론(progesterone)이 유방 조직에서 성장 호르몬을 방출하여 고혈당증과 인슐린 저항성을 유발한다. 비만은 개와 고양이 모두에서 인슐린 저항성을 일으키기 쉬운 요소가 된다.

임상증상

식욕 증가 및 체중감소가 대표적이다. 그 외 심각한 상태의 당뇨병성 케톤산증, 고혈압, 신장질환, 백내장 등의 이차적인 문제를 일으킨다. 수분 대사 장애는 주로 삼투성 이뇨로 인해 발생한다. 신장의 포도당 역치는 개의 경우 180mg/dL, 고양이의 경우 280mg/dL 이다. 일반적인 임상 증상은 다음과 같다.

- 다뇨증
- 다갈증
- 다식증
- 체중 감량
- 백내장(개, 그림 4.1)
- 허약

그림 4.1 당뇨병성 백내장

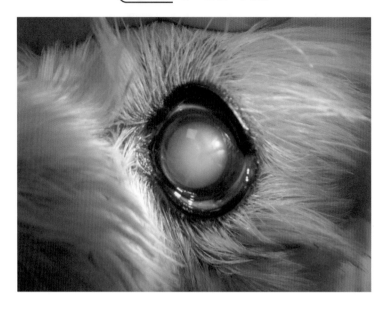

당뇨병이 진행되면 개의 경우 백내장이 생길 수도 있으며, 고양이에서는 드물다. 신장병증(nephropathy), 망막병증(diabetic retinopathy), 미세혈관 및 대혈관병증(micro-, macro-angiopathy) 등 사람의 당뇨병과 관련된 기타 췌장 외 병변 발생은 개와 고양이에서는 드물다.

당뇨병성 케톤산증(diabetic ketoacidosis)은 인슐린 결핍으로 인해 포도당을 이용하지 못하는 세포가 유리 지방산을 에너지원으로 사용하는 비보상성 당뇨병의 한 형태이다. 글루카곤과 기타 역조절 호르몬이 증가하면 유리지방산은 케톤산으로 분해된다. 케톤산과 포도당이 혈액에 축적되면 대사 장애를 일으키고 생명을 위협할 수 있다. 탈수, 혈액량 감소, 음이온 갭 증가, 대사성 산증, 전해질 장애, 질소혈증, 간 효소 증가, 고유산증(hyperlactatemia), 구토 및 식욕결핍 증상을 보인다. 이를 치료하기 위해 재수화(rehydration)와 단기간 및 장기간 작용하는 인슐린을 사용하여 케톤 생성을 줄이고 정상 혈당을 유지할 수 있도록 하는 것이 중요하다.

지속적인 고혈당증, 요당, 혈청 프럭토사민(fructosamine) 증가를 기반으로 진단할 수 있다. 개와 고양이의 정상적인 공복 혈당 수치는 75~120mg/dL이다. 고양이의 경우 스트레스로 인한 고혈당증이 흔한 문제이며, 진단하기 위해 여러 번의 혈액 및 소변 검사를 해야할 수도 있다. 일시적인 스트레스로 인한 고혈당증의 경우 프럭토사민 농도는 정상이므로, 이를 측정해봄으로써 당뇨병과 구별하는 데 도움이 될 수 있다.

개에서의 당뇨는 인슐린 처치와 함께 적절한 식이조절이 필요하다. 혈당이 100~250mg/dL 사이에서 잘 유지되도록 인슐린 주사를 하며, 섬유질과 단백질 등 영양소가 골고루 함유된 사료를 정해진 시간에 주는 것이 중요하다. 규칙적인 생활 습관을 유지하고 운동을 통한 체중 관리를 해야한다. 암컷은 중성화 수술을 하는 것이 좋으며, 섬유질과 복합 탄수화물이 풍부한 식단을 제공하도록 한다.

혈당 검사는 병원 내 검사로 인한 반려동물의 스트레스를 최소화하기 위해 가정 내에서 실시하는 것도 좋은 방법이 될 수 있다.

케톤산증은 당뇨병의 심각한 합병증으로 응급 상황으로 간주된다. 치료에는 0.9% NaCl 또는 젖산 링거 용액과 같은 IV 수액을 투여하여 탈수를 교정하고, 적절한 전해질 용액의 보충 투여를 통해 혈청 전해질 수준, 특히 칼륨(K)과 인(P) 수치를 정상적으로 유지할 수 있도록 해야한다.

인슐린 치료가 시작되면 적절한 유지 용량이 결정될 때까지 혈당을 자주 확인해야 하고, 동물이 유지 치료를 받고 상태가 안정되면 4~6개월마다 치료를 재평가해야 한다.

4.2 갑상선 질환(Thyroid Disease)

4.2.1 갑상선기능저하증(Hypothyroidism)

특징

갑상선기능저하증(hypothyroidism)은 개에게 흔한 내분비 질환으로, 갑상선 호르몬 생산 감소로 인해 발생한다. 갑상선 호르몬은 목 양쪽에 위치한 갑상선에서 생성되며, 이 호르몬은 신체의 신진대사에 중요한 역할을 하므로, 충분한 호르몬이 나오지 못한다면, 개의 신체 기능은 현저히 느려지게 된다. 갑상선기능저하증은 중년령 개에서 가장 흔히 발생하며, 중대형 품종의 개가 일반적으로 더 쉽게 영향을 받는다. 골든 리트리버, 도베르만, 닥스훈트, 미니어처 슈나우저, 코커 스패니얼, 아이리쉬 세터 등이 취약한 품종이다.

원인

개에서 갑상선기능저하증을 일으키는 가장 흔한 원인은 갑상선 염증(림프구성 갑상선염)과 갑상선 퇴화(특발성 갑상선 위축)이다. 발생 기전은 확실하지 않지만, 유전적 소인이 있다는 것으로 알려져 있다. 개에서 갑상선기능저하증의 또 다른 원인인 갑상선암은 드물게 발생한다.

임상증상

- 흔한 임상증상은 다음과 같다(그림 4.2.1).
- 체중 증가: 식욕의 증가 없이 발생
- 무기력함: 하루 종일 자고 누워 있는 것을 좋아함
- 따뜻한 곳을 선호: 갑상선 호르몬이 부족하면 신진대사가 저하되기 때문에 갑상선기능저하증이 있는 개는 항상 약간의 추위를 느끼게 됨

- 만성 피부 및 귀 감염
- 가늘고, 건조하여 부서지기 쉬운 모발: 등 양쪽 탈모가 흔하게 발생, 또한 꼬리에서 털이 빠져 쥐꼬리처럼 보일 수도 있음
- 피부 색소 침착 증가
- 털을 깎은 후 다시 자라지 않음

그림 4.2.1 갑상선기능저하증: 치료 전(좌), 후(우)

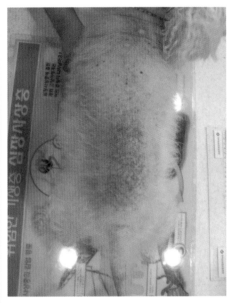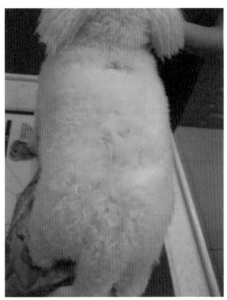

생식기 질환 또는 신경통, 뒷다리 끌림 등 신경계 질환이 드물게 발생할 수 있다. 눈 표면에 작고 하얀 지방이 쌓이거나 눈물이 충분히 생성되지 않는 안구건조증을 앓기도 한다. 일부 개는 얼굴 피부가 두꺼워져 얼굴 근육이 처져 보이기도 한다.

진단 · 치료 · 예방

병력을 포함하여 신체검사 소견을 기반으로, 기본적인 혈액 검사와 소변 검

사를 수행한다. 피부에 변화가 있는 경우, 피부도말표본(메스로 피부 표면을 부드럽게 긁은 후, 면봉 또는 슬라이드를 피부에 대고 눌러 채취한 샘플)을 현미경으로 관찰하여, 피부 감염원(세균, 곰팡이 등)을 확인하고, 이와 같은 원인을 배제할 수 있다. 갑상선기능저하증은 혈액검사로 확진이 가능하다. 일반적으로 총 티록신 수치(총 T4 또는 TT4) 검사가 필요하지만, 총 T4 수치가 낮다고 해서, 모두 갑상선기능저하증으로 진단할 수 없다. 총 T4의 농도가 갑상선 외 다른 만성질환(쿠싱병, 당뇨병 등)이나 약물(항경련제, 스테로이드 제제) 등에 의해서 낮게 측정되어 갑상선기능저하증으로 보일 수 있기 때문에 이 경우 free T4 수치 등 추가 검사를 통해 확인하도록 한다.

갑상선기능저하증은 레보티록신(levothyroxine)이라는 경구 약물로 치료할 수 있다. 이 약은 개의 갑상선 호르몬의 형태로 합성한 약물이다. 평생동안 갑상선 대체 호르몬을 투여받고, 혈중 농도를 일정하게 유지해야 하므로, 수의사는 체중에 따라 개에게 적합한 복용량을 선택하도록 한다. 복용량 변경이 필요하지 않은지 확인하기 위해 주기적으로 혈액검사를 통해 확인해야 한다. 신체의 거의 모든 기관이 갑상선 호르몬에 의한 신진대사의 영향을 받기 때문에, 갑상선기능저하증을 치료하지 않으면 수명이 단축될 수 있다. 갑상선기능저하증을 치료하지 않은 개는 콜레스테롤 수치가 높아지고, 면역 기능이 저하되며, 심박수가 느려지고, 신경근 징후를 보이게 된다. 이러한 신경근 징후에는 불안정함, 머리 기울임, 심지어 발작까지 포함될 수 있다. 갑상선기능저하증은 치료에 잘 반응하지만, 치료되지 않은 갑상선기능저하증은 반려견의 삶의 질에 부정적인 영향을 미칠 수 있다. 개의 갑상선 수치가 정상으로 회복되면, 신체 상태가 좋아지고 더 많은 에너지를 갖게 되면서 체중이 감소할 수 있다. 개의 털이 다시 자라는 데는 시간이 다소 걸릴 수 있지만, 시간이 지나면서 피부와 털의 상태도 개선될 것이다. 갑상선기능저하증은 개의 눈물 생성을 감소시킬 수 있으므로, 녹색-노란색 안구 분비물이 나타나는지 여부를 확인하도록 한다.

4.2.2 갑상선기능항진증(Hyperthyroidism)

특징

고양이와 개의 갑상선기능항진증(Hyperthyroidism)은 갑상선 호르몬 T4와 T3의 과도한 분비로 인해 발생하며, 이는 대사율 증가를 일으킨다. 중년령에서 노령의 고양이에게 가장 흔히 발생하며, 개에서는 드물게 발생한다. 기능성 갑상선 선종(adenomatous hyperplasia, 선종성 증식증)은 고양이 갑상선기능항진증의 가장 흔한 원인이며, 약 70%의 경우 양쪽 갑상선 엽이 모두 커진다. 개에서 갑상선기능항진증의 주요 원인인 갑상선 암종(thyroid carcinoma)은 고양이에서는 드물다(갑상선기능항진증 사례의 1% ~ 2%).

원인

개에서 갑상선기능항진증을 일으키는 가장 흔한 원인은 갑상선 암종 또는 갑상선 호르몬을 과잉생산하는 갑상선 선종과 같은 갑상선 종양이다. 갑상선 종괴는 일반적으로 갑상선 내에 존재하지만, 비정상적인 곳에 갑상선 조직이 생길 수도 있다. 이를 '이소성 갑상선 조직'이라고 하며 개의 혀 아래나 심장 기저부에도 존재할 수 있다. 드물게 갑상선 내의 갑상선 선종이라는 양성 종괴가 갑상선기능항진증을 유발할 수도 있다.

또한, 다시마나 해초가 포함된 보충제를 섭취하면 갑상선기능항진증을 유발할 수 있으며, 이는 종종 갑상선기능저하증을 앓고 있는 개가 갑상선 보조제를 과다 복용하여 발생할 수 있다.

모든 품종의 개에서 발생할 수 있지만, 특히, 갑상선 종양 발병률이 높은 개 품종은 비글, 복서, 골든 리트리버, 시베리안 허스키 등이 있다. 갑상선기능항진증은 노령견에서 가장 자주 발생한다.

갑상선기능항진증에 이환된 개는 신진대사가 증가하여, 식욕이 왕성함에도 불구하고 활동 과잉과 더불어 체중감소를 보인다. 또한, 혈중 칼슘 농도가 증가하는 경향이 있어 다음과 같은 증상이 나타날 수 있다.

- 심한 갈증
- 배뇨 증가
- 에너지 과소비(신진대사 가속화로 인해)
- 구토
- 배변 곤란(변비)

갑상선기능항진증의 원인이 갑상선 암인 경우, 종종 목 부위에서 종양이 만져질 수 있으며 기침, 호흡 곤란, 식사 곤란 및 짖는 소리의 변화 등이 발생할 수 있다.

신체 검사를 통해 목 부위의 종괴를 확인할 수 있고, 혈액검사를 통해 비정상적인 갑상선 수치와 높은 칼슘 수치를 확인한다. 갑상선기능항진증이 있는 개는 대개 물을 많이 마시고 소변을 더 자주 본다. 요로감염, 신장 질환, 당뇨병 등과 같은 갈증과 배뇨 증가의 가장 흔한 원인을 배제하기 위해 소변 검사가 필요하다. 대부분의 갑상선기능항진증이 있는 개의 소변검사 결과는 정상이다. 목 부위에 종괴가 만져지면 초음파를 사용하여 갑상선 내에 종괴 여부 또는 종양의 크기를 확인한다. 갑상선 신티그라피(thyroid scintigraphy) 또는 갑상선 스캔(thyroid scan)이라고도 알려진 이 진단 검사는 갑상선을 시각화하여 종괴가 있는지 확인하기 위해 수행할 수 있다. 갑상선은 혈관이 많아 검체 내 많은 적혈구로 인해 진단이 어려우므로, 종양의 흡인이나 생검은 권장되지 않는다. 바늘이나 생검 도구를 갑상선 종양에 삽입하는 경우 심각한 출혈을 일으킬 수 있다.

갑상선 종양이 주변 조직에 유착되지 않고, 독립적으로 존재할 경우 갑상선 절제술을 통해 제거해야 한다. 수술을 신속하게 시행할 수 없는 경우 수술 전까지 갑상선 호르몬 수치 관리를 위해 메티마졸(methimazol)이라는 경구용 약물을 처방할 수 있다. 갑상선 종양이 주변 조직에 붙어 있으면 종양 전체 를 외과적으로 제거하는 것은 불가능하므로, 가능한 종양을 제거(종양의 크 기를 줄임)한 다음 남아있는 종양 세포를 치료하기 위해 화학 요법과 방사선 치료를 계획할 수 있다. 전이성 암이 있거나 종양의 크기나 주변 조직에 대 한 침습 정도를 고려하여 수술이 너무 위험할 경우 방사선 요법을 시행할 수 있다. 고용량 방사성 요오드(I-131) 요법은 수술로 제거할 수 없거나 전 이된 갑상선암 종괴에 대한 효과적인 치료 옵션이 될 수 있다. 갑상선 절제 술 후에 일부 잔여 암세포가 남아있는 경우에도 사용할 수 있다. 갑상선 절 제술 후 흔한 합병증으로 흡인성 폐렴이 생길 수 있으므로, 호흡 곤란 징후 가 있는지 면밀히 관찰해야 한다.

처방식 사료(예: Hill's y/d)를 통해 갑상선 호르몬 생산을 감소시켜 갑상선기 능항진증을 관리할 수 있다. 예후는 갑상선기능항진증의 원인에 따라 다 양하다. 양성종양이 있으면 수술로 치료가 가능하고, 식이 요법이나 보충 제가 원인인 경우 이를 중단하면 상태가 호전될 것이다. 암성 갑상선 종양 을 치료하는 것은 어려울 수 있으며, 종양이 유동적이고 주변 조직에 달라 붙지 않는 경우 수술로 제거하면 개의 수명을 다소 연장할 수 있다. 반면, 종양의 크기가 크거나 주변 조직에 유착된 경우 수술적 제거로는 종양 전 체를 제거할 가능성이 낮으며, 암 관리를 위해 추가 치료가 필요하다. 비 전이성 갑상선 종양에 대한 방사선 치료나 방사성 요오드 치료 역시 생존 율을 다소 높일 수 있다. 암성 갑상선 종양의 전이가 있으면 예후가 좋지 않으며 신체의 다양한 위치에서 암을 치료하기 위해 화학요법이 필요할 수 있다. 전이된 갑상선 종양을 치료할 경우 생존 기간은 일반적으로 1년 미만이다.

갑상선 절제술을 받은 개는 수술 후 갑상선기능저하증이 발생할 수 있으므로, 이를 관리하기 위해 장기간 갑상선 보충제를 복용해야 한다. 또한, 일부 개는 수술 후 칼슘 수치가 낮아지므로 칼슘 보충제도 섭취하도록 한다.

4.3 부신기능이상(Adrenal Dysfuction)

4.3.1 부신피질기능항진증(Hyperadrenocorticism)

특징

부신피질기능항진증(hyperadrenocorticism) 즉 쿠싱병(Cushing's disease)은 대개 부신에서 스트레스 호르몬인 코티솔(cortisol)을 너무 많이 분비하여 발생한다. 개에서 쿠싱병은 중년령부터 노령견(대략 7~12세)에서 가장 흔하게 나타나며, 쿠싱병은 주로, 뇌 기저부에 있는 뇌하수체 종양이 부신을 자극하여 코티솔을 생성하는 호르몬을 너무 많이 분비하여 발생하는 뇌하수체 의존성, 신장 옆에 위치하는 장기인 부신에 생긴 종양에 의해 발생하는 부신 유래성, 코르티코스테로이드 약물의 과도한 또는 장기간 사용으로 인해 발생하는 의원성으로 구분할 수 있다.

원인

모든 개에게 발생할 수 있지만, 푸들(특히, 미니어처 푸들), 닥스훈트, 보스턴 테리어, 요크셔 테리어, 아메리칸 스태퍼드셔 테리어에서 더 흔히 발생한다.

다음과 같은 임상증상이 흔히 나타난다(그림 4.3.1-1).

- 다음다뇨

- 식욕 증가

- 탈모 또는 피부 상처 치유 지연

- 헐떡거림

- 복부팽만(배불뚝이 모습)

- 얇은 피부(그림 4.3.1-2)

- 여드름(모공에 검은 깨와 같은 구조물이 관찰됨)

- 재발성 피부 감염

- 재발성 요로 감염

- 갑작스런 실명

- 혼수

- 요실금

- 지루성 피부 또는 지성 피부

- 피부에 단단하고 불규칙한 플라크(피부 석회화증)

그림 4.3.1-1 부신피질기능항진증: 복부팽만과 탈모

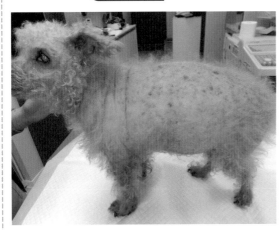

그림 4.3.1-2 부진피질기능항진증: 얇은 피부, 각질 증가

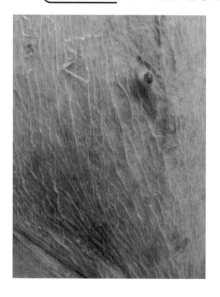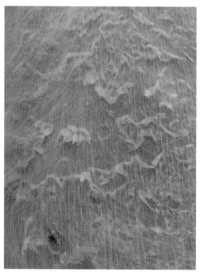

진단 · 치료 · 예방

진단을 위해, ACTH 자극 테스트(위음성이 있을 수 있음), 저용량 덱사메타손 억제 테스트(다른 질병에 의해 영향을 받을 수 있음), 고용량 덱사메타손 억제 테스트, 소변 코티솔: 크레아티닌 비율, 복부 초음파(간 및 부신 비대 또는 종양의 변화를 식별할 수 있음), 뇌 컴퓨터 단층촬영 또는 자기공명영상(뇌하수체 종양을 발견할 수 있음) 등을 통해 진단할 수 있다.

개의 쿠싱병 치료는 수술, 약물, 방사선 등 근본 원인에 따라 다르게 적용할 수 있다. 쿠싱병이 스테로이드의 과도한 사용으로 인해 발생한 경우, 스테로이드 복용량을 점차적으로 줄이고 가능하면 중단하도록 한다. 부신에서 코티코스테로이드 호르몬 생산을 억제하는 트릴로스탄(trilostane)을 사용할 수 있으며, 평생 하루 1~2회 투여한다. 뇌하수체 종양이 있는 개에서 수술치료가 어렵고 이 질환은 완치보다는 평생 관리가 필요하다.

정확한 진단, 적절한 치료 및 모니터링을 통해 부신피질기능항진증을 잘 관리할 수 있으며, 일반적인 증상들은 몇 주 내에 호전을 보이지만, 피부와 털

의 개선은 수 개월이 걸릴 수 있다. 뇌하수체 의존성 쿠싱병의 경우 트릴로스탄(trilostane)을 이용한 약물 치료의 평균 생존 기간은 2~2.5년 정도이며, 뇌하수체 종양을 수술적으로 제거하거나 방사선 치료를 하면 평균 생존 기간은 2~5년이라는 보고가 있다. 부신 종양성 쿠싱병의 경우 수술의 사망률은 10~25%이며, 부신종양을 수술적으로 제거하면 환자의 평균 생존기간은 1.5~4년 정도가 된다고 한다.

4.3.2 부신피질기능저하증(Hypoadrenocorticism)

특징

부신피질기능저하증(hypoadrenocorticism)은 개에서 흔하지 않은 질병으로 부신피질의 스테로이드 호르몬(글루코코르티코이드, 알도스테론) 분비 부족으로 인해 발생한다. '애디슨병(Addison's disease)'으로 알려져 있으며, 임상증상은 다소 모호하다. 그러나 호르몬 수치가 심각하게 낮아지면 애디슨병은 급성으로, 생명을 위협하는 상태가 될 수 있다. 애디슨병은 어린 개나 중년령 개에서 더 흔하며, 성별에 관계없이 영향을 받을 수 있지만, 암컷의 경우 이 병에 걸릴 위험이 더 높다. 알도스테론 부족 없이 코티솔 호르몬의 부족만 겪는 경우 비정형 애디슨병으로, 나트륨 및 칼륨 전해질이 영향을 받지 않은 상태로 유지될 수 있다.

원인

부신은 신장 옆에 있는 작은 기관으로, 글루코코르티코이드(코티솔)와 미네랄코르티코이드(알도스테론)를 포함한 필수 호르몬을 생성한다. 이 호르몬은 전해질, 혈압, 수분 균형, 신진대사, 스트레스 반응 등 생명 유지 기능을 조절하는 기능을 한다. 애디슨병은 코티솔과 알도스테론 호르몬이 부족하여 발생한다. 애디슨병의 가장 흔한 원인은 유전이며, 개의 면역체계가 부신을 파괴하여 발생한다. 그 외 감염, 부신암, 쿠싱병 치료약 과다 복용(부신피질기능항진증) 또는 스테로이드 장기사용 후 갑자기 중단함으로써 발생할 수 있다.

임상증상

- 혼수
- 식욕 상실
- 구토
- 설사
- 체중 감량
- 갈증과 배뇨 증가
- 떨림
- 허약
- 탈수

애디슨병은 '애디슨 위기(Addisonian crisis)'라고 불리는 갑작스러운 허약, 심한 구토, 설사 및 때로는 기절 등의 응급 상황을 보일 수 있다.

진단 · 치료 · 예방

나트륨과 칼륨의 전해질 불균형 유무 확인을 위해 혈액 및 소변 검사를 수행한다. 부신피질자극호르몬(ACTH, adrenocorticotrophic hormone)에 대한 부신피질의 반응성을 알아보기 위해 ACTH 자극검사를 실시한다. 그 외 방사선 촬영이나 복부 초음파 검사를 더 수행할 수 있다.

애디슨병은 평생 코티솔과 알도스테론 보충치료가 필요하다. 코티솔은 프레드니손과 같은 경구용 스테로이드로 매일 투여하여 보충할 수 있다. 알도스테론은 한 달에 한 번씩 알도스테론 전구체인 desoxycorticosterone pivalate(DOCP, Percorten-V®, Zycortal®)을 사용하여 치료할 수 있다. 또는 fludro-cortisone acetate(Florinef®)라는 경구 약물을 사용하여 알도스테론과 코티솔을 모두 대체할 수도 있다. 애디슨병은 치료법이 없으며, 반려견의 삶의 질은 평생 치료에 달려 있다. 적절한 치료와 모니터링을 한다면, 대부분의 개는 예후가 좋으며, 정상적인 삶을 살아갈 수 있다.

5. 근골격 질환

Diseases of the Musculoskeletal System

> ### 5.1 | 골관절염(Osteoarthritis)

특징

골관절염(osteoarthritis)은 활막 관절(synovial joint)에 생긴 퇴행성 질환으로 개
에서 흔히 발생한다. 이 만성 질환은 대략 25%의 개에서 발생하며 완전한
치료는 불가능하다. 골관절염이 있는 개는 관절의 연골 표면이 점진적으로
손상되고, 관절 연골 주변의 섬유증(결합 조직)뿐만 아니라 관절 내의 작은
뼛조각도 발달하여 통증과 더불어 사지 기능 장애를 유발할 수 있다.

원인

개에서 골관절염은 고관절 이형성증(hip dysplasia) 및 팔꿈치 이형성증(elbow
dysplasia)과 같은 질병에 이차적 질환으로 발생한다. 그 외 체중, 비만, 성별,
운동 및 다이어트로 인해 골관절염이 발생할 수 있다. 골관절염은 원발성과
속발성으로 나눌 수 있다. 원발성 골관절염은 특발성(원인 불명)이거나 노화
와 관련이 있으며, 속발성 골관절염은 외상, 고관절 또는 팔꿈치 이형성증,
십자인대 파열, 슬개골 탈구로 인해 발생한다.

- 활동 저하
- 앉았다가 일어서는 데 어려움을 겪는 등의 뻣뻣함이나 파행
- 자세와 걸음걸이의 변화
- 버니홉 걷기(bunny hop, 통증으로부터 자신을 보호하기 위함)
- 통증이 있는 부위를 확장한 상태로 앉기(개구리 자세)

신체검사에서 관절부위 부종 또는 삼출물의 존재나 관절 운동 범위가 감소했는지 확인해볼 수 있다. 관절 주위의 두꺼워짐, 염발음(뼈와 연골의 마찰) 또는 근육 위축이 있는지 확인해야 한다. 통증을 예방하기 위해 개를 진정시킨 상태에서 검사를 수행하는 것이 좋다. 그 외 방사선 촬영검사, 혈액검사, 관절액 검사, CT 또는 MRI와 같은 영상 검사 등을 해볼 수 있다.

염증과 통증을 감소시키는 비스테로이드성항염증제(nonsteroidal antiinflammatory drugs, NSAIDs)인 카프로펜(carprofen), 데라콕시브(deracoxib), 피로콕시브(firocoxib), 그라피프란트(grapiprant), 멜록시캄(meloxicam) 등을 사용할 수 있다. NSAIDs와 함께 가바펜틴(진통 및 항경련 효과), 트라마돌(유사 opoid) 및 아만타딘(중추 통증 민감성을 역전시킬 수 있는 NMDA 수용체 길항제)등을 사용할 수 있다. 대체요법으로 침술, 레이저 요법, 치료 운동을 포함한 재활치료, 카이로프랙틱 치료와 줄기세포 치료 등이 있다. 관절의 염증과 스트레스를 줄이려면 체중 감량과 관리가 필수적이고, 규칙적인 운동은 골관절염 회복 및 관리에 도움이 될 수 있다.

특징

십자인대(cruciate ligament)는 개의 무릎관절 내부에 있는 중요한 인대로 경골에 부착되는 위치에 따라 앞쪽(cranial)과 뒤쪽(caudal) 십자인대로 명칭이 달라진다. 이 인대들은 체중을 지탱하는 동안 무릎을 안정시키는 중요한 역할을 한다. 그래서, 정강이뼈(경골)가 넙다리뼈(대퇴골)의 앞이나 뒤로 밀려 나가지 않도록 돕는다(그림 5.2-1). 대퇴골(허벅지)과 정강이뼈(경골) 사이에, 위치한 연골인 반월판은 뒷다리의 충격 흡수, 위치 감지, 하중 지지 등 관절에서 중요한 역할을 하며 십자인대가 파열되면 함께 손상될 수 있다.

그림 5.2-1 개 무릎의 해부학적 구조

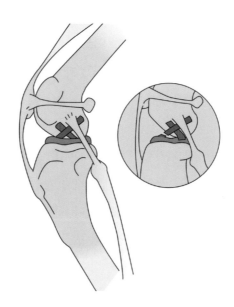

파란색 = 앞쪽 십자인대; 빨간색 = 반월판; 녹색 = 뒤쪽 십자인대;
동그라미: 파열된 앞쪽 십자인대(정강이뼈가 앞으로 밀려나가, 반월판이 짓눌려 보임)

한쪽 무릎에 십자인대 파열이 생긴 개는 향후 다른 쪽 무릎에도 같은 질환이 생기기 쉽다. 특히, 앞쪽 십자인대의 부분 파열은 개에서 흔히 일어나며, 시간이 지나면서 완전 파열로 진행된다. 앞쪽 십자인대와 관련한 질환은 크기, 품종, 연령과 무관하게 개에게 발생할 수 있지만, 고양이에서는 드물게 발생한다. 특정 개 품종 예를 들어, 로트와일러, 뉴펀들랜드, 스태퍼드셔 테리어, 마스티프, 아키타, 세인트 버나드, 체서피크 베이 리트리버, 래브라도 리트리버에서 발병률이 더 높은 것으로 알려져 있다. 특히 그레이하운드, 닥스훈트, 바셋 하운드, 올드 잉글리시 쉽독, 뉴펀들랜드, 래브라도 리트리버의 경우 유전적인 영향이 크다.

원인

비만, 유전, 형태(골격 형태 및 구조) 및 품종을 포함한 여러 원인이 있으며, 특별한 외상없이 노화로 인한 퇴행성 변화로 십자인대가 약해져 발생할 수도 있다.

임상증상

십자인대 파열은 뒷다리 파행, 통증 및 무릎 관절염의 가장 흔한 원인이 된다. 다양한 임상증상을 보이지만, 대부분 뒷다리 기능 장애 및 통증을 유발한다. 흔한 임상증상은 아래와 같다.

- 앉은 자세에서 일어나기 어려움
- 앉는 과정의 어려움
- 활동 감소
- 다양한 정도의 파행(절름발이), 때로는 장기간 휴식을 취한 후에만 나타남
- 근육 위축(영향을 받은 다리의 근육량 감소)
- 무릎관절 운동 범위 감소

- 터지는 소리/딸깍거리는 소리(반원판 파열을 나타낼 수 있음)

- 정강이뼈 안쪽의 단단한 부종(섬유증 또는 흉터 조직)

- 통증

진단 · 치료 · 예방

십자인대 완전 파열은 보행 관찰, 신체검사 및 방사선 촬영검사 결과를 조합하여 쉽게 진단할 수 있다(그림 5.2-2). 그러나, 십자인대 부분파열은 진단하기가 더 어려우므로, 관절 절개술 또는 관절경 검사가 필요할 수 있다. 방사선 촬영검사 시 무릎관절 내 삼출물로 인해 연조직 혼탁 소견을 보일 수 있다. 무릎의 앞당김 검사(cranial drawer test)와 경골 압박 검사(tibial crest compression test)를 통해 십자인대 파열로 인한 무릎관절의 비정상적인 움직임을 확인할 수 있다.

그림 5.2-2 전십자인대파열과 수술 사진(TPLO)

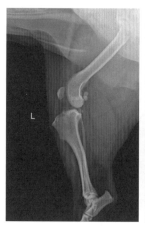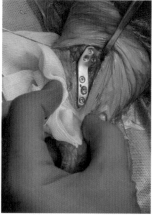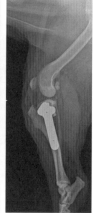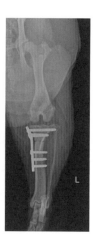

반려견의 활동 수준, 크기, 연령, 골격 구조, 무릎 불안정 정도 등 다양한 요인에 따라 수술적 치료 및 보존치료를 선택할 수 있다. 수술을 통해 단열된 인대를 복구할 수는 없으며, TTA(tibial tuberosity advancement), TPLO(tibial plateau levelling osteotomy(그림 5.2-2) 등의 외과수술을 통해 인대의 기능을 대체하거나, 진통제, 운동, 관절 보조제, 재활보조기 등을 사용하여 보존치료를 할 수 있다. 수술에 대한 예후는 좋은 편이지만, 체중 감량 등 골관절염 관리는 계속해서 중요하다.

5.3 │ 탈구(Luxation)

5.3.1 │ 무릎뼈 탈구(Patella Luxation)

특징

탈구(luxation)란 정상적으로 관절을 형성하고 있는 뼈가 관절을 벗어나 완전히 위치가 바뀌는 것을 말한다(그림 5.3.1-1). 아탈구(subluxation)란 뼈가 관절에서 부분적으로 분리가 된 경우를 말한다. 개에서 탈구 및 아탈구가 가장 흔히 발생하는 위치는 엉덩관절(hip joint)과 무릎관절(patella joint)이다. 무릎뼈(patella)가 정상 위치에서 이탈한 것을 무릎뼈 탈구(patella luxation)라 하고, 반려견에서 생후 6개월~2년령 사이에서 가장 많이 발생한다. 이는 특별한 원인 없이 발생할 수 있는 선천성 유전적 질환이다. 개와 고양이 모두에서 발생하고, 개의 경우 특히 포메라니안, 푸들, 말티즈, 치와와 등의 소형품종에서 다발하며, 중대형견에 비해 10배 이상 높은 발생률을 보인다. 무릎뼈 탈구를 가진 개와 고양이는 갑작스런 뒷다리 통증을 나타내며, 다리를 들고 다니는 증상을 보이는데, 비정상 혹은 정상 보행을 반복해서 보일 수 있다. 질병이 진행됨에 따라 무릎뼈는 더 쉽고 자주 원래 위치에서 탈구되며, 지속적으로 무릎관절 연골에 마찰을 일으키고 관절염을 유발한다. 개에서 무릎뼈 탈구로 인한 주위 조직의 긴장 상태는 앞쪽십자인대 파열 등 다른 정형외과적 무릎 질환이 발생하기 쉽게 만들 수 있다.

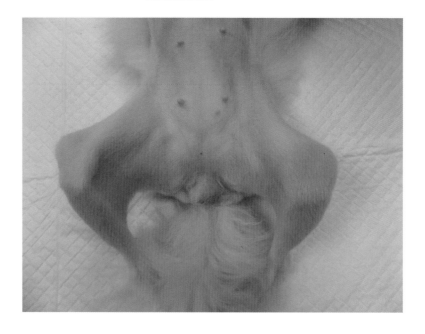

그림 5.3.1-1 무릎뼈 탈구

무릎뼈 탈구는 증증도에 따라 다음과 같이 분류할 수 있다.

- Grade Ⅰ: 임상증상은 없거나 매우 가벼우며, 강제로 무릎뼈를 탈구시킬 수 있지만, 쉽게 활차구로 되돌아 간다.
- Grade Ⅱ: 무릎을 굽힐 때 무릎뼈는 관절에서 탈구되고, 펴면 제자리로 되돌아가므로, 간헐적 파행을 보이게 된다.
- Grade Ⅲ: 무릎뼈는 대부분 상황에서 탈구되어 있으며, 지속적인 파행이 나타나고, 관절의 변형도 나타난다.
- Grade Ⅳ: 파행과 사지 변형이 매우 심각한 상태이다.

원인

무릎뼈 탈구는 외상 후에도 발생할 수 있지만, 주로 유전성이다. 무릎뼈는 작은 뼈로 넙다리뼈의 활차구 내 위치하며, 힘줄로 덮여있다. 무릎을 굽힐 때 무릎뼈가 관절 밖으로 벗어나 탈구가 발생하므로, 넙다리뼈의 활차구가 얕아 빠지기 쉽거나, 넙다리뼈, 정강이뼈, 엉덩관절과 관련한 뒷다리 각도의 균형이 무너질 경우 발생하기 쉽다. 탈구는 한쪽 또는 양쪽 무릎의 내측(안쪽) 또는 외측(바깥쪽)으로 발생할 수 있다. 내측 무릎뼈 탈구(medial patella luxation)가 더 자주 발생하고, 소형견에서 더 흔하다. 외측 무릎뼈 탈구(lateral patella luxation)는 중형견 또는 대형견에서 좀 더 흔하며, 종종 고관절 이형성증과 함께 발생한다.

임상증상

- 갑작스런 파행
- 걷기나 점프를 주저함
- 관절부위를 만지거나 움직일 경우 통증
- 이환 부위의 종창이나 열감
- 이환 부위를 지속적으로 핥기
- 식욕감소

진단 · 치료 · 예방

무릎뼈 탈구는 신체검사, 임상증상, 방사선 검사를 통해 진단한다(그림 5.3.1-2). 무릎뼈 탈구가 진행되면 뼈, 관절, 근육의 변형을 가져오므로, 단순히 다리를 들고 다니는 것뿐만 아니라 자세와 보행 장애를 가져올 수 있다. 일시적으로 증상이 없어지더라도 무릎뼈 탈구가 정상 회복된 것이 아니라, 변형이 진행되고 있을 수 있으므로 적절한 치료 시기를 놓치지 않도록 주의해야 한다.

치료에는 약물 요법, 침 요법, 물리 치료 등이 있으나, 가장 확실한 방법은 수술적 교정이다. 최근 수술 기법의 향상으로 재발률이 매우 낮아지고 있다.

그림 5.3.1-2 무릎뼈 탈구 X-ray 사진

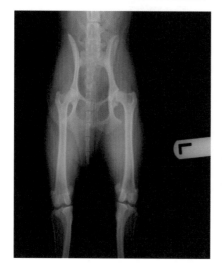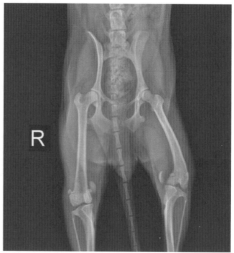

5.3.2 고관절 이형성증(Hip Dysplasia)

특징

고관절 또는 엉덩관절(hip joint)은 골반과 넙다리뼈가 연결을 이루는 관절로 소켓 형태로 이루어져 있다. 체중의 하중을 많이 받는 이 관절은 단단한 인대와 많은 근육으로 보호받고 있다. 이 관절 부위에 뼈가 증식함으로써, 탈구 또는 아탈구가 생기고, 관절 변형과 골관절염 등이 발생하여 통증을 유발하는데, 이러한 과정 전반을 고관절 이형성(hip dysplasia)이라고 한다.

원인

과도한 성장, 운동, 영양, 유전적 요인 등이 고관절 이형성증의 발생에 영향을 미친다. 개와 고양이 모두에서 발생할 수 있지만, 특히 셰퍼드와 리트리버 같은 대형견 품종에 많이 발생한다. 성장이 급속히 이루어지는 생후 6개월~2년령 사이에 많이 발생하고, 유전적 요인이 주 원인이며, 환경 및 호르몬의 영향도 받는 것으로 알려져 있다. 소형견의 경우 포메라니안, 치와와, 시츄 등에서 나타나며, 체중 부담이 적어 성장기에 증상이 나타나는 대형견과 달리 중년령 이상에서 증상이 나타나는 경우가 많다.

임상증상

- 만성 또는 간헐적 파행
- 이전에 외상이나 부상 없이 절뚝거림
- 관절에서 딱딱하고 터지는 소리
- 달릴 때 "버니 호핑(bunny hoping)"
- 서 있기 어려움
- 비정상적인 앉은 자세
- 계단이나 차에 오르기 힘들어함
- 뒷다리 근육 위축
- 엉덩관절 통증

진단 · 치료 · 예방

비정상적인 고관절(엉덩관절)의 움직임을 확인하기 위해 방사선 촬영검사와 촉진검사를 수행한다(그림 5.3.2). 질병을 조기 진단함으로써, 고관절 이형성증으로 인해 발생하는 관절염 증상을 감소시키거나 심지어 예방할 수도 있다.

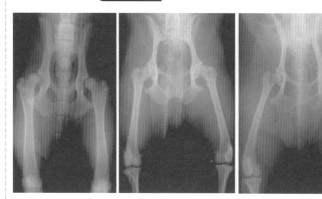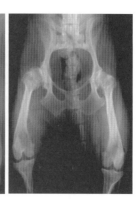

그림 5.3.2 고관절 이형성(Hip dysplasia) X-ray 사진

개 고관절 이형성증을 치료하는 데에는 다양한 수술법과 약물을 통한 상태 관리를 포함하여 여러 가지 옵션이 있다. 내과적 치료와 수술적 치료가 모두 가능하다. 증상이 경미하거나, 건강 상태, 경제적 상황으로 수술을 받을 수 없다면, 체중 감량, 단단한 바닥에서 운동 제한, 물리 치료, 항염증제 및 관절액 조절제 등을 사용할 수 있다. 통증과 관절염을 줄이기 위한 수술치료로는 이형성증이 생긴 대퇴골 머리와 관골절구 부위를 제거하고, 금속 임플란트로 대체하는 고관절 전치환술(hip arthroplasty)을 포함한 다양한 밥법이 있다.

예후는 다양하며, 전반적인 건강 상태, 이형성증 및 관절 손상 정도, 동물의 생활 환경에 따라 달라진다. 유전적 소인이 높으므로, 이환된 개는 번식시키지 않는 것이 좋다.

5.4 | 골절(Fracture)

특징

골절(fracture)이란 뼈가 부러지는 것을 말한다. 외상 혹은 높은 곳에서 점프, 교통사고 등의 원인에 의해 흔히 발생할 수 있다. 골절 정도, 위치, 동물의 나이 등에 따라 심각 정도는 다르며, 관절을 포함한 골절의 경우 상태가 가장 심각할 수 있다. 척추의 골절은 사지마비 혹은 전신마비를 일으킬 수 있다. 그러나 대부분의 골절은 중증이며 즉시 치료가 필요한 질병이다. 골절은 신체 어디에서도 발생할 수 있으며 그 유형은 다양하다(그림 5.4-1).

그림 5.4-1 다양한 형태의 골절(X-ray 사진)

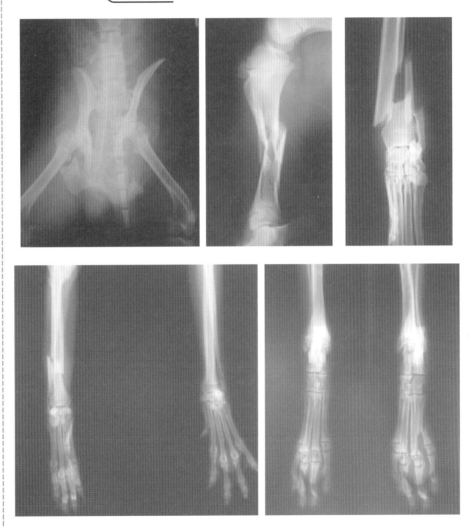

골절된 뼈의 형태에 따른 분류는 아래와 같다(그림 5.4-2).

• 불완전 골절: 뼈의 한쪽만 부러졌거나 뼈가 부분적으로 부러지거나 구부러짐

• 완전골절: 뼈가 완전히 부러져, 연속성이 소실된 상태

• 분쇄골절: 뼈가 세 개 이상의 조각으로 부서짐

• 개방골절: 피부가 벌어져 뼈가 외부 환경에 노출된 경우

• 폐쇄골절: 흔히 내부 골절이라고 하며, 피부 손상이 없어서, 뼈가 외부 환경에 노출되지 않은 경우

• 솔터-해리스(Salter-Harris): 뼈의 성장판을 침범한 골절

• 관절골절: 관절이 포함된 골절

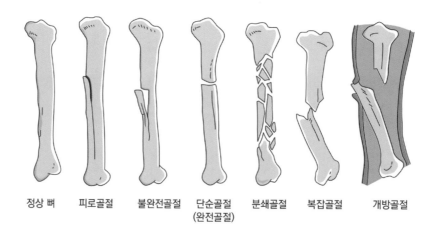

그림 5.4-2 골절 유형

정상 뼈 피로골절 불완전골절 단순골절(완전골절) 분쇄골절 복잡골절 개방골절

원인

가장 흔한 원인으로 낙상, 교통사고가 있으며, 특히 소형견의 경우 점프 후 착지할 때 앞다리(노뼈와 자뼈)가 골절되는 경우가 흔하다. 왜냐하면, 뼈가

생각보다 가늘고, 주위 근육량도 적기 때문에 작은 충격이나 비정상적인 힘에 쉽게 부러질 수 있기 때문이다. 특히 포메라니안, 푸들, 치와와 등의 품종에서 앞다리 골절은 쉽게 발생한다. 사지에 골절이 발생하면 골절 부위 주변이 붓고, 멍이 들며 통증이 매우 심하기 때문에 다리를 들고 다니며, 만지는 것을 극도로 꺼린다.

임상증상

골절은 대부분 일종의 활동이나 사고 후에 발생한다. 그래서 뼈만 부러질 뿐만 아니라, 사고로 인해 다른 부상도 함께 일어날 수 있다. 예를 들어, 차에 치인 개는 다리가 부러졌을 수도 있지만, 내부 출혈과 호흡 곤란을 같이 겪을 수도 있다. 개에서 부러진 뼈와 가장 흔히 관련된 증상은 다음과 같다.

- 파행: 부러진 다리를 들고 있음
- 통증
- 관절의 부종
- 염발음(관절에서 나는 소리) 또는 사지의 느슨함 증가
- 영향을 받은 사지의 비정상적인 형태(틀어짐 또는 단축)
- 부러진 뼈가 피부 밖으로 튀어나옴
- 사지/신체 부위의 붓기 또는 멍

진단 · 치료 · 예방

골절은 신체검사와 방사선 촬영검사로 쉽게 확인할 수 있으며, 치료는 수술을 통한 교정이다. 골수내핀(intramedullary pin) 삽입, 플레이트(plate), 외부 고정(external fixation) 등 골절 수복 재료와 방법은 다양하므로, 골절 부위, 골절 상태, 반려견의 특성을 고려하여 가장 적절한 교정방법을 결정하면 된다(그림 5.4-3). 특히 반려견 골절에서 중요한 것은 수술 후 사후 관리인데, 골

절이 발생하는 품종은 대체로 매우 활동적이므로, 수술 후 초기 운동 제한 등 관리가 꼭 필요하다. 또한, 치료가 완료될 때까지 주기적으로 경과를 확인해보는 것이 필요하다.

그림 5.4-3 대퇴골 골절과 수술 전(좌), 후(중, 우)

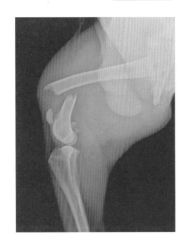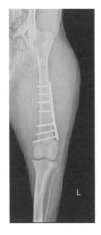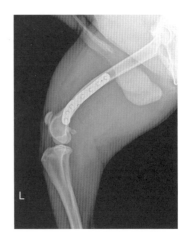

골절이 발생하면 부러진 부위를 잘 고정하고 개를 움직이지 않도록 하여, 추가로 손상을 일으키지 않도록 주의한다. 통증이 있는 개에게 물리지 않도록 입마개를 씌우는 등의 예방조치를 취해야 한다.

골절된 뼈를 고정시키기 위한 여러 가지 방법들의 특징은 다음과 같다.

• 외부 접합(깁스 및 부목): 어린 개, 안정된 골절이 있는 개 또는 무릎과 팔꿈치 아래에서 발생하는 골절

• 핀, 막대, 와이어, 스크류(나사)와 플레이트를 사용한 골내 고정: 가장 일반적인 방법

• 외고정: 뼈 외부에 부착, 개방형 및 분쇄 골절에 가장 적합

골절은 일반적으로 성견의 경우 3~4개월, 강아지의 경우 1~2개월 내에 치

유된다. 뼈가 예상대로 잘 치유되고 있는지 확인하기 위해, 필요할 때마다 방사선 촬영검사를 수행하도록 한다. 수술 후 점프, 달리기, 놀기 등 활동을 제한해야 하고. 사지 및 골반 골절의 경우 개가 서거나 걸을 때 가슴이나 골반 아래에 하네스(harness) 또는 수건 등을 사용하여 체중을 지탱할 수 있도록 도와주는 것이 좋다. 회복이 어느 정도 진행되면 근육과 힘줄을 강화시키고, 기능과 전반적인 편안함을 향상시키기 위해 물리 치료와 재활운동을 권장한다.

6. 신경 질환
Diseases of the Nervous System

6.1 발작(Seizure)

특징

발작(seizure)은 대뇌 피질의 비정상적인 전기활동으로 인해 신체에 대한 통제력을 상실한 상태에서, 미약하거나 매우 격렬한 경련을 일으키는 것을 말한다. 이러한 발작은 한 번 또는 반복적으로 발생할 수 있고, 특히 원인이 명확하지 않은 채 반복되거나 뇌병변 때문에 발생하는 경우를 간질(epilepsy)이라고 한다.

원인

발작은 두개외(extracranial) 원인에 의한 발작, 두개내(intracranial) 원인에 의한 발작, 그 외 특정한 원인 없이 발생하는 특발성 발작으로 구분할 수 있다. 원발성 발작에 걸릴 위험이 높은 품종으로는 푸들, 슈나우저, 바셋하운드, 콜리, 저먼 셰퍼드, 보더콜리, 코커 스패니얼, 라브라도리트리버, 골든 리트리버 등이 있다.

두개외(extracranial) 원인

- 저혈당증

- 저칼슘혈증

- 고열

- 갑상선기능저하증

- 간 질환 또는 카페인, 초콜릿 등의 중독

두개내(intracranial) 원인

- 개의 뇌 내부의 구조적 또는 기능적 변화

- 유전성 간질

- 뇌 외상

- 종양

- 영양 불균형

- 자가면역 질환

- 개 홍역 바이러스

- 광견병과 같은 감염성 질환

임상증상

부분 또는 국소 발작(partial or focal seizures)은 뇌 한쪽의 특정 영역에만 영향을 미친다. 국소 발작의 증상에는 개가 아무 이유 없이 으르렁거리거나 물려는 환각, 목덜미 털세움, 동공 확장, 동공 움직임 이상이 있다. 이런 발작은 인식하기 어렵고, 다소 이상한 행동으로 여겨질 수 있다.

전신 발작(generalized seizures)은 뇌의 양쪽 모두에 영향을 미치며, 가장 흔한 증상으로 근육 수축, 경련, 갑작스러운 허탈 및 의식 상실을 일으킨다. 부분 발작이나 국소발작이 전신발작으로 진행될 수 있으며, 강아지 때 초기 발작의 치료 시기를 놓치거나 빙치할 경우 일어날 수 있다. 개는 발작 시작 전에 불안해하거나, 방향감각을 잃거나, 일시적으로 앞이 보이지 않는 등 여러 증상을 보일 수 있다. 흔한 임상증상은 다음과 같다.

- 경직(stiffness)

- 허탈(collapsing)

- 짖음(vocalizing)

- 침흘림(salivating)

- 턱 악물기(jaw clenching)

- 근육경련(muscle twitching)

- 흔들리는 몸동작(jerking body movements)

- 사지의 패들링(paddling motions of limbs)

- 씹기 또는 혀씹기(chomping or tongue chewing)

- 입에 거품물기(foaming at the mouth)

- 의식소실(loss of consciousness)

- 비자발적인 배변 또는 배뇨(involuntary defecating or urinating)

진단 · 치료 · 예방

대부분의 발작과 관련된 임상증상은 동물병원에 내원한 동물에게 직접 확인할 수 없을 수도 있다. 그러므로 임상 병력을 확인하기 위한 문진이 필수적이다. 발작은 국소적이거나 전신적일 수 있으며 그 발현 양상과 심각도는 매우 다양하다. 심장질환으로 인한 실신, 척추 통증(보통 경추 통증), 떨림, 행동 장애, 기면증/탈력발작 등과 증상이 유사하므로, 신체 및 신경학적 검사와 관련한 임상 병력을 통해 이러한 일시적인 증상과 발작을 감별해야 한다.

발작 빈도, 기간, 발작 사이의 임상 상태, 현재 및 과거 병력에 관한 추가 정보를 확인함으로써, 발작의 원인을 찾아볼 수 있다. 신체검사와 신경학적 검사가 정상이면 전혈구검사(CBC)와 생화학검사를 수행하여, 여러 가지 중독요인을 찾아볼 수도 있다. 이들 검사는 두개외 질환을 배제하기 위한 것이다.

신경학적 검사가 비정상이라면 환자에게 두개내 구조적 질환이 있을 가능성이 높으며, 대뇌를 평가하기 위한 추가 진단 검사가 필요하다. 특정 신경검사를 위해 컴퓨터 단층촬영(CT), 자기공명영상(MRI), 뇌척수액(CSF) 분석을 수행할 수 있다. 신경학적 검사 결과, CBC, 생화학검사 결과가 정상이고, 소인이 있는 품종인 경우, 특발성 간질일 가능성이 매우 높다. 발작을 일으키는 근본적인 원인을 해결할 수 없다면, 이 질환의 치료목표는 발작을 완전히 없애는 것이 아니라, 삶의 질을 방해하지 않는 수준으로 발작을 줄이는 것이다. 발작이 5분 이상 지속되거나, 점점 잦은 발작으로 진행되는 경우, 항경련제나 진정제 등을 투여한다. 발작이 계속되는 개는 평생 동안 항간질제를 복용해야한다.

6.2 뇌수막염(Meningitis)

특징

개의 중추신경계를 둘러싸는 막을 수막(meninges)이라고 한다. 이 수막에 생긴 염증을 뇌수막염(meningioencephalitis)이라고 한다. 뇌수막염(meningioencephalitis)은 뇌와 수막의 염증, 수막척수염(meningomyelitis)은 수막과 척수의 염증을 말한다. 수막의 염증은 일반적으로 뇌와 척수의 이차 염증을 유발하여 다양한 신경학적 합병증을 초래한다. 장기간의 염증이 지속되면, 뇌와 척수 주위를 순환하며 보호 및 영양분을 공급하는 뇌척수액(CSF)의 흐름을 방해할 수 있으며, 이로 인해 뇌에 CSF가 축적되어 뇌압 상승에 따라 발작 및 마비와 같은 심각한 합병증이 발생할 수 있다.

원인

뇌수막염의 가장 흔한 원인은 세균감염이다. 일반적으로 귀, 눈 또는 비강의 감염으로 인해 발생한다. 그리고 수막척수염은 추간판염(diskospondylitis)과 골수염(osteomyelitis)과 관련하여 일어난다. 면역체계가 손상된 개는 이러한 감염이 혈액을 통해 뇌와 척수로 진행되기 쉽다.

임상증상

수막염, 뇌수막염, 수막척수염과 종종 관련된 운동 장애, 정신 상태 변화, 발작과 같은 신경증상은 중증이며, 진행성일 수 있다. 이러한 질환 중 하나를 앓고 있는 개에서 일반적으로 나타나는 증상은 다음과 같다.

- 의기소침(depression)
- 쇼크(shock)
- 저혈압(low blood pressure)
- 발열(fever)
- 구토(vomiting)
- 자극에 대한 민감도의 비정상적인 증가(감각과민)

진단 · 치료 · 예방

진단방법은 다음과 같다.

- 신체검사
- 전혈구검사(CBC)

- 혈액 배양

- 열청생화학 검사

- 소변검사

- 자기공명영상(MRI)

- 복부 초음파

- 흉부 및 복부 X-ray

- 피부, 눈, 콧물 등 분비물 검사

- CSF(뇌척수액) 검사

원인균에 대한 정맥 내 항생제 처치가 필요하며 발작이 있는 경우, 이를 조절하고 염증을 줄이기 위한 항간질제와 코르티코스테로이드를 처치할 수 있다. 탈수가 심한 개는 즉시 수액 치료를 수행하도록 한다. 신속하고 적극적인 치료는 대체로 효과적일 수 있지만, 치료 효과는 매우 다양하며 전반적으로 예후는 좋지 않다. 적극적인 치료에도 불구하고 많은 반려견은 중추신경계 감염으로 인해 예후가 좋지 않다. 치료 반응이 좋은 경우에도 모든 증상이 사라지는데 4주 이상이 걸릴 수 있다. 치료 기간 동안 반려견이 안정을 찾을 수 있도록 격렬한 활동은 제한하는 것이 좋다.

6.3 뇌수두증(Hydrocephalus)

특징

수두증은 뇌와 척수를 둘러싼 연질막과 지주막 사이 공간인 지주막하강(subarachnoid space) 내에 뇌척수액(cerebrospinal fluid, CSF)이 비정상적으로 축적되어 발생하는 질환이다. CSF는 뇌와 척수를 둘러싸고 있는 액체로, 물리적 충격에 대해 완충작용을 하고, 영양분을 공급하는 역할을 한다. CSF는 일반적으로 뇌실 내 맥락얼기에서 생성되고, 순환하면서 노폐물을 받아 중추신경계 밖으로 배출시킨다. 그러나 이러한 체액이 비정상적으로 축적되어 뇌에 압력을 가하게 되고, 이로 인해 뇌에 심각한 손상이 발생하여 행동 및 신경학적 문제가 발생할 수 있다.

원인

CSF 생산 증가, CSF 흡수 감소, 뇌 내 CSF의 비정상적인 축적이 원인이지만, 근본적인 원인은 아직 알려지지 않았다. 선천성과 후천성으로 모두 발생할 수 있으며, 선천성 수두증은 유전적 기형, 산전 감염, 태아 시기 독성 물질 노출, 난산으로 인한 뇌출혈, 태아기 비타민 결핍 등의 원인으로 인해 발생할 수 있으며, 품종 소인으로는 말티즈, 요크셔 테리어, 잉글리시 불독, 치와와, 포메라니안, 토이 푸들, 보스턴 테리어, 퍼그, 페키니즈 등 토이 품종에서 흔하게 발생한다. 후천성 수두증의 원인으로는 종양, 전염병, 외상, 뇌출혈, 염증성 뇌질환 등으로 정상이었던 뇌가 CSF 축적으로 인해 압박받아 발생할 수 있다.

임상증상

수두증은 특정 원인과 영향을 받는 뇌 영역에 따라 개에게 다양한 증상을 유발할 수 있으며, 일부는 증상이 없을 수도 있다. 증상은 처음부터 중증이거나 차츰 진행될 수 있으며 다음과 같은 증상이 흔하다.

• 훈련의 어려움 및 인식 감소 또는 자극에 대한 반응 부족

• 시각 장애, 종종 실명

• 비정상적인 시선(눈을 아래로 고정하고 시선을 딴 데로 돌리는 것)

• 발작

- 헤드 프레싱(head pressing)

- 큰 돔 모양의 머리, 숫구멍(fontanelle)이 열려 있음

- 뇌 기능 장애

- 비정상적인 행동: 부적절한 발성, 과도한 흥분, 졸음, 맴돌기

- 보행 이상

- 종종 혼미 또는 혼수상태

진단 · 치료 · 예방

신체 검사를 통해 돔 모양의 머리형태, 천문이 열려있고, 눈동자가 바깥 아래쪽을 향하는 상태 등을 확인할 수 있다. 또한 뇌 내 확장된 공간을 확인하기위해 머리 방사선 촬영검사 및 머리 초음파 검사를 할 수 있다. 그 외 CT나 MRI를 통해 뇌 내부 구조와 기능에 대한 중요한 정보를 확인해 볼 수 있다. 뇌의 전기적 활동을 감지하는 뇌파검사(EEG)와 개의 뇌 척수액 검사를 수행할 수도 있다.

수두증 치료 목표는 근본적인 원인을 해결하는 것이지만, 원래 상태로 돌아가기 힘들 수도 있다. 그렇다면, 질병의 진행을 느리게 하거나 멈추도록 하는 것이 최선의 방법이다. 경증에서 중등도의 질병이 있는 개에서는 뇌척수액 생산을 감소시키는 약물을 사용하는 치료가 우선이다. 일반적으로 프레드니솔론, 덱사메타손 등의 스테로이드제제, 푸로세마이드와 같은 이뇨제, 오메프라졸과 같은 양성자 펌프 억제제 등을 사용한다. 중증상태이거나 약물에 반응하지 않는 경우, 뇌에서 체액을 제거하여 체액을 신체의 다른 위치(보통 복강)로 배출시키기 위해 관을 삽입하는 수술을 할 수 있다. 그러나 발작이 있을 경우, 디아제팜을 투여하여 우선 동물을 안정화시키는 게 중요하다. 이 후 항생제, 수술 또는 스테로이드와 같은 다른 치료법을 지도할 수 있다. 스테로이드와 이뇨제 등을 장기간 투여할 경우 쿠싱병과 전해질 불균형을 초래할 수 있다. 경미한 수두증이 있는 개는 최소한의 치료를 통해 정

상적인 삶을 살아갈 수 있지만, 증상이 심한 경우 뇌탈출, 발작, 심지어 폐사에 이르는 등 예후가 좋지 않다.

6.4 | 환축추불안정(Atlantoaxial Instability)

> **특징**

개의 환축추(Atlantoaxial, AA) 관절은 첫 번째와 두 번째 목뼈 사이 관절을 말한다. 첫 번째 척추뼈(환추)와 두 번째 척추뼈(축추)는 척추사이연골(디스크) 대신 인대에 의해 서로 고정되어 있어 개가 머리를 좌우로 움직일 수 있다. 환축추 불안정은 이 두 목뼈가 정상적으로 배열되지 않아, 척수신경을 압박하여, 심각한 목 통증과 진행성 신경학적 증상을 유발하는 질환으로 개에서 흔히 발생하지는 않는다.

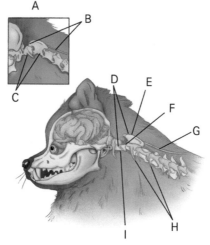

그림 6.4 개의 환축추불안정

A. 정상 해부구조   B. 인대   C. 환추와 축추의 정상적인 배열
D. 환추와 축추의 잘못된 배역   E. 축추의 아탈구   F. 척수 신경 압박
G. 인대   H. 척수신경   I. 환추

환축추불안정은 주로 목뼈(C1 및 C2)를 연결하는 인대 또는 뼈 자체의 선천적 결함으로 인해 목뼈 배열이 어긋나 발생한다. 자동차에 치이거나, 물건에 부딪히거나 극도로 거친 놀이와 같은 외상으로 인해 발생하기도 한다. 치와와, 페키니즈, 포메라니안, 토이 푸들, 요크셔 테리어와 같은 어린 소형견에서 가장 흔히 발생하지만, 로트와일러 및 도베르만 핀셔와 같은 대형품종에서도 볼 수 있다.

임상증상

- 목 통증
- 뻣뻣한 목
- 낮은 머리 위치(머리를 숙인 것처럼 보임)
- 서거나 걸을 수 없음
- 비정상적인 보행 또는 운동실조(즉, 술에 취한 듯한 보행)
- 먹거나 마실 때 어려움이나 통증
- 드물게 횡격막 마비로 인한 무호흡(호흡 부족)
- 폐사

진단·치료·예방

신체검사 소견에서 목에 통증이 있고 운동 범위가 감소하는 상태를 확인할 수 있으며, 혈액검사 및 소변검사를 통해 다른 원인들을 배제해야 한다. 반사 신경과 뇌 신경을 테스트하기 위해 신경학적 검사를 수행하고, 방사선 촬영검사도 필요하다. 척수 손상 정도를 판단하는 데 도움이 되는 CT, MRI, CSF(뇌척수액) 검사를 더 추가할 수 있다.

가벼운 증상은 진통제(예: 가바펜틴, 트라마돌, 기타 아편유사제, NSAID, 스테로이드) 및 목 보호대를 하고, 몇 주 동안 엄격한 케이지 생활을 통해 완화될 수 있다. 병변이 뇌와 척수에 가까이 위치하여 위험할 수 있지만, 생존 가능성과 장기적인 삶의 질을 높일 수 있는 최고의 방법은 수술이다.

약물치료를 받는 동안 사소한 충격이나 외부 자극으로부터 극도로 조심히 관리하여, 재발을 방지하도록 한다. 수술이 성공적이라면, 동물은 정상적인 상태로 돌아갈 수 있지만, 역시 충격이 큰 활동이나 거친 놀이를 자제하는 것이 좋다. 수술 당시 신경학적 징후나 과도한 기능 장애가 있는 개의 경우 수술 후에도 계속 증상이 남을 수 있다. 수술 후 회복은 수 주가 걸리므로, 주기적으로 방사선 촬영검사를 하여 상태를 확인하도록 한다. 수술 후에는 점진적으로 운동을 시작하고, 목의 움직임을 최소화할 수 있도록, 사료와 물그릇은 바닥에 두지 않고, 높이 올려놓고 먹을 수 있도록 하는 것이 좋다.

6.5 | 추간판탈출증(Intervertebral Disc Herniation)

특징

개의 척추는 목뼈(7개), 등뼈(13개), 허리뼈(7개), 엉덩이뼈(3개), 꼬리뼈(약 20개)로 이뤄져 있다. 각 첫 번째 목뼈와 두 번째 목뼈를 제외하고 각 척추 사이는 추간판(intervertebral disc)이라고 하는 섬유연골로 관절이 이루어져 있다. 추간판 바깥은 탄력있는 섬유가 동심원을 이루고, 그 내부에는 수핵이 존재한다. 척추뼈의 움직임에 의해 추간판에 힘이 가해져 추간판 섬유가 변형되어 팽대되거나(Hansen type I), 내부물질인 수핵이 섬유테를 뚫고 빠져나와(Hansen type II) 지나가는 척수신경에 영향을 끼치는 질병을 추간판탈출증(Intervertebral Disc Herniation)이라고 한다. 척수와 주변 신경가지의 압박 위치와 정도에 따라 다양한 통증정도와 사지마비를 유발한다. 척추의 모든 부위에서 발생할 수 있으며, 주로 소형견에서는 급성으로, 대형견에서는 만성으로 발생하기 쉽다. 닥스훈트, 비글, 푸들, 시츄, 페키니즈 등이 호발하는 소형견 품종이며, 대형견은 리트리버, 저먼 셰퍼드 등에서 다발한다.

- 유전적 소인: 연골이영양성 품종

- 노화(퇴행성 변화)

- 외상

- 활동성 저하

- 만지거나 안을 때 고통스러워함

- 등이 굽는 자세

- 앞다리 혹은 뒷다리의 마비

- 다리를 질질 끄는 현상(그림 6.5-1)

- 배뇨/배변 장애

그림 6.5-1　추간판탈출증에 의한 후지마비(좌)와 치료 후(우) 사진

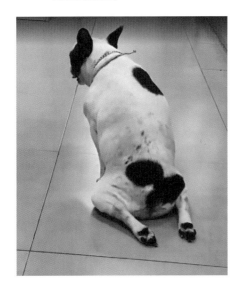 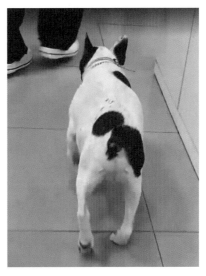

신체검사를 통해 임상증상을 확인하고, 영상진단검사(X-ray, computed tomography(CT), magnetic resonance imaging(MRI))를 통해 진단한다. 다른 신경계 질환 및 골관절 질환과 감별이 필요하다(그림 6.5-2).

발생 부위 및 증상의 정도에 따라 약물요법과 수술적 방법으로 치료하며, 체중 관리 및 운동 제한 등의 조치가 필요하다. 추간판탈출증은 다른 질병과 마찬가지로 초기 빠른 진단과 치료가 무엇보다 중요하다.

그림 6.5-2 추간판탈출증

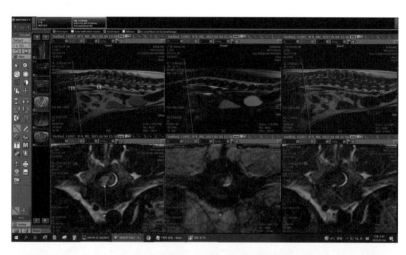

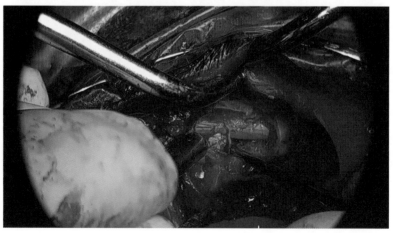

7. 호흡기 질환

Diseases of the Respiratory System

> **특징**

단두종(brachycephalic)은 짧은 주둥이와 납작한 얼굴을 가진 개 품종을 말한다. 이러한 품종들에서 기도와 호흡에 영향을 미치는 여러 해부학적 이상(abnormality)들로 인해 단두종 호흡기증후군이 발생하기 쉽다.

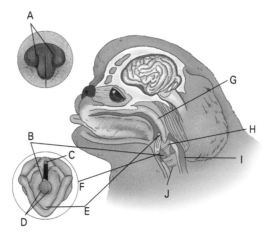

A. 좁은 콧구멍으로 인해 공기 흡입 제한   B. 확장된 후두낭   C. 기도

D. 성대(후두낭 아래 숨어있음)   E. 후두덮개   F. 기도를 막고있는 후두낭을 보여주는 확대도

G. 연구개 노장   H. 좁은 기도 입구   I. 식도

J. 좁은 기도

이 질환은 단두종의 해부학적 특징으로 인한 것으로, 주로 선천성으로 발생한다. 단두종은 다음과 같은 해부학적 특징을 가진다.

• 콧구멍 협착(stenotic nares)
  ‣ 콧구멍이 좁거나 작은 상태를 말한다. 이로 인해 코를 통한 호흡이 힘들다(그림 7.1-1).

그림 7.1-1 단두종 호흡기증후군: 콧구멍 협착(수술 전(좌),후(우))

• 연구개 노장(elongated soft palate)
  ‣ 연구개(soft palate)는 비강과 구강을 분리하는 조직으로, 입천장 부분으로 뼈가 없는 부분을 말한다. 단두종 개는 주둥이가 짧기때문에, 연구개가 입의 길이에 비해 다소 길 수 있다. 과도한 연구개 조직이 목구멍을 막아 코골이 소리를 내거나, 기관과 폐로의 공기흐름을 방해한다(그림 7.1-2).

• 후두낭 외번(everted laryngeal saccules)
  ‣ 정상적으로 목 뒤쪽에는 두 개의 작은 주머니(후두낭)가 있다. 단두종에

서는 콧구멍 협착과 연구개 노장으로 인해 호흡이 힘들다. 노력성 호흡이 증가하게 되면 이 주머니가 뒤집어져 기도를 더 좁게 만든다.

그림 7.1-2 단두종 호흡기증후군: 연구개 노장

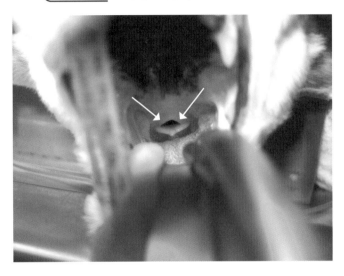

- 기관 저형성(hypoplastic trachea)

  ‣ 선천적으로 기관의 직경이 정상보다 작은 상태를 말한다. 이로 인해 호흡을 할 때마다 공기를 충분히 들이마시기가 힘들다.

- 후두 허탈(laryngeal collapse)

  ‣ 노력성 호흡이 지속됨에 따라 후두 연골의 스트레스 증가로 인해 손상될 수 있다. 후두 허탈(그림 7.1-3)로 인해 기도가 더 막혀 더 심각한 호흡곤란을 일으킬 수 있다.

그림 7.1-3 후두 허탈

단두종 호흡기증후군을 유발하는 해부학적 이상으로 인한 상부호흡기 폐쇄와 관련한 전형적인 증상을 보인다.

- 시끄러운 호흡

- 코골이

- 구역질

- 기침

- 호흡곤란 또는 노력성 호흡 증가

- 헐떡거림 증가

- 운동 불내증(운동 후 쉽게 피로함)

- 호흡 시 너무 많은 공기를 삼킴으로 인해 복부 확장 또는 구토

- 발열

- 창백하거나 청색잇몸

- 허탈

주로 개의 품종, 임상증상, 콧구멍 협착과 같은 신체검사 소견을 바탕으로 진단할 수 있다. 단두종 호흡기증후군이 있는 개는 낮은 음조의 코골이 같은 시끄럽고, 특징적인 호흡소리를 낸다. 연구개 노장 및 후두낭 외번을 확인하기 위해 동물을 진정시킨 후 구강 검사를 수행할 수 있다. 목과 가슴 방사선 촬영을 통해 기관내경의 크기를 확인하고, 그 외 심장과 폐를 평가한다. 일반적으로 전혈구수(CBC), 혈청 화학검사 및 소변 검사를 통해 전신 상태를 평가할 수 있다.

임상증상이 경미할 경우, 체중 감량 등을 통한 환자 관리가 도움이 된다. 과도한 열과 습기는 임상 증상을 악화시킬 수 있으므로, 여름철 과도한 운동과 산책은 주의하도록 한다. 호흡 곤란이 심할 경우 진정제를 사용하여 개가 진정하고 호흡을 더 쉽게 할 수 있도록 도와줄 수 있다. 급성 호흡 곤란을 완화하기 위해 고안된 스테로이드, 산소 및 냉각 조치를 포함한 추가 치료가 필요할 수 있다. 구토와 같은 위장 증상을 해결하기 위해 약물을 투여할 수도 있다. 구조적 이상으로 인해 개가 심하게 고통스러워하거나, 생명을 위협할 수 있을 정도의 호흡 곤란을 일으키는 경우 수술을 고려해야 한다. 일반적으로 다음과 같은 여러 수술법이 있다.

• 협착된 콧구멍 절제술: 좁아진 콧구멍의 일부를 절제하여 콧구멍을 넓힌다.

• 연구개 절제술(포도상절제술): 조직을 단축하기 위해 늘어진 연구개의 일부를 자른다.

• 후두낭 제거: 외번된 후두낭을 제거한다.

위의 수술을 모두 동시에 수행할 수 있다. 단두종 호흡기증후군은 대부분 4세 정도에 진단되지만, 수술적 교정은 빠르면 생후 4개월령부터 시행할 수도 있다. 조기 진단을 통한 수술적 교정은 후두 허탈 등 만성 상부기도 질환같은 합병증을 줄이는 데 도움이 될 수 있다.

7.2 | 비염(Rhinitis)

특징

비강(특히 점막)에 발생한 염증을 말한다. 여기에 부비동(sinus) 내 염증이 포함된다면 부비동염(sinusitis)이라고 한다. 개에서 비염은 사람의 감기처럼 가벼운 질병일 수도 있지만, 자주 재발할 수 있다. 나이, 품종, 성별과 상관없이 발생할 수 있다.

원인

개 홍역을 포함한 바이러스 감염이 가장 흔한 원인이며, 그 외, *Aspergillus fumigatus*와 같은 진균 또한 비염을 일으키기 쉽다. 상악 치근단 농양과 같은 치아질환이 있거나, 꽃가루, 집먼지, 곰팡이 등의 알러젠(allergen)에 의해 계절에 따라 또는 연중 내내 비염이 발생할 수 있다. 개의 코는 예민하여 내부에 이물질(예: 풀이나 잔디)이 끼여, 염증을 일으킬 수 있으며, 안면 외상이나 종양으로 인해 이차적으로 발생할 수 있다. 비강 진드기 같은 기생충성 원인은 드물다.

임상증상

콧물은 경미한 비염일 경우 나타날 수 있고, 중증일 경우 노란색, 녹색 또는 혈액성 콧물을 흘릴 수 있다. 사람처럼 재채기도 흔한 증상이다. 많은 개에게 있어서 코골이는 자연스러운 현상이지만 갑작스럽게 나타나거나, 심해진다면 다른 기저질환이 있을 수도 있다. 비염은 호흡기 질환으로 기도에 영향을 주어 과도한 기침을 유발할 수 있고, 호흡 곤란 및/또는 입을 벌린 호흡은 좀 더 위험한 신호로 보여질 수 있다. 호흡 시 악취가 나거나, 얼굴을 심하게 많이 긁는다면 의심해 볼 수 있다.

비염은 신체검사, 비강 내시경 검사, 비강 생검, 비강내용물 배양, 방사선 촬영검사, 컴퓨터 단층촬영(CT) 등을 통해 확진할 수 있다. 이러한 검사는 마취가 필요할 수도 있다. 비염은 급만성으로 발병할 수 있으며, 원인에 따라 치료는 달라진다. 세균 감염이 있는 경우 항생제 처치를 할 수 있으며, 그 외 항히스타민제, 항진균제, 스테로이드와 같은 약물이 도움이 될 수 있다. 비강 종양이나 이물질이 박힌 경우 수술이 필요할 수 있다.

그림 7.2 비염 : 우측 비공의 출혈, 화농성 콧물

7.3 기관지염(Kennel Cough, Canine Infectious Tracheobronchitis)

특징

기관(trachea)에 생긴 염증을 말한다. 대부분 증상이 경미하고, 특별한 치료 없이 회복될 수 있지만, 어린 강아지의 경우 기관지폐렴으로 진행되거나, 허약한 성견이나 노령견의 경우 만성 기관지염으로 진행될 수 있다. 이 질병은 밀폐된 공간(예: 동물병원, 강아지 유치원, 집단 사육 시설 등)에서 사는 허약한 개들 사이에서 빠르게 전염되는 특징으로 인해, 켄넬 코프(kennel cough)라고 한다. 모든 연령대의 개들이 영향을 받을 수 있으며, 특히 면역력이 약한 강아지는 중증으로 이환되기 쉽다.

원인

켄넬코프를 일으키는 원인체로는 보데텔라 브론키셉티카(*Bordetella bronchiseptica*), 개 파라인플루엔자 바이러스(CPIV), 개 아데노바이러스-2(CAV-2), 개인플루엔자 및 개홍역 바이러스를 포함한 여러 가지가 있다. 보데텔라 브론키셉티카는 특히 6개월 미만의 개에서 주요 병원체로 알려져 있으며, 그 외 *Pseudomonas* spp., *Escherichia coli* 및 *Klebsiella pneumoniae*와 같은 세균들이 바이러스에 의한 호흡기 질환에 2차 감염을 일으킬 수 있다. *B bronchiseptica*, CPIV 및 CAV-2 와의 동시 감염이 가장 흔하다.

임상증상

뒤따를 수 있는 "거위 울음(goose honk)" 같은 소리를 내는 기침을 하는 것이 가장 특징적이다. 기침은 후두나 기관을 가볍게 촉진하면 쉽게 유발된다. 발열, 화농성 콧물, 우울증, 식욕부진, 심한 기침 등 더 심각한 징후가 나타나면 기관지폐렴을 의심해볼 수 있다. 열악한 환경 조건과 부적절한 영양

섭취로 인한 스트레스는 회복기 동안 재발의 원인이 될 수 있다. 발병 후 10~20일 동안 증상이 지속될 수 있다.

진단 · 치료 · 예방

흉부 방사선 사진은 질병의 중증도를 결정하고 다른 원인을 배제하는 데 필수적이지만, 단순히 기침 증상만 보이는 개에서는 흔히 정상소견을 보일 수 있다. 방사선 사진은 폐렴으로 진행되었는지 확인하기 위해 사용되며, 비인두 또는 기관 면봉 채취 후 PCR검사를 실시하여, 원인을 알아낼 수 있다.

단순히 기침증상만 보이는 개는 외래치료를 할 수 있으며, 입원치료를 하는 경우 격리하여야 한다. 대부분 특별한 치료없이 회복될 수 있고, 폐렴으로 진행되지 않았다면 항생제 치료는 필요하지 않다. 권장되는 항생제에는 아목시실린-클라불란산(amoxicillin-clavulanic acid), 트리메토프림-설파(trimethoprim-sulfamethoxazole), 엔로플록사신(enrofloxacin), 독시사이클린(doxycycline) 등이 있으며, 기관 세척이나 기관지경 검사를 통해 채취한 검체를 배양하고, 항생제 감수성 검사를 통해 항생제를 선택한다면, 더 효과적일 것이다. 폐렴 환자에게는 진해제 사용은 금기이며, 기침이 지속되는 경우 하이드로코돈(hydrocodone), 부톨파놀(butorphanol) 등을 사용할 수 있다.

홍역, 파라인플루엔자, CAV-2에 대한 변형 생바이러스 백신을 접종하여 예방할 수 있다. 초기 예방접종은 6~8주에 실시하고 개가 14~16주령이 될 때까지 3~4주 간격으로 2회 반복 접종한다. 재접종은 매년 필요하다.

특징

기관(trachea)은 코와 입에서 목을 거쳐 폐로 공기를 운반하는 관으로, C자 모양의 연골이 이어져 형성되며, 등쪽은 열려 있어 얇은 근육막으로 덮여있다. 이 연골이 약해지거나, 근육막이 늘어나게 되면, 기관의 C자 모양이 편평해진다(그림 7.4). "기관허탈(tracheal collapse)"이라고 불리는 이러한 편평화된 기관은 폐로 공기를 유입하고 정상적으로 호흡하는 것을 어렵게 만들며, 대부분 건조하고 거위처럼 경적을 울리는 호흡 소리(goose honk)를 내게 된다. 경미한 상태의 기관허탈인 경우, 반려견은 몇 가지 임상 증상을 보임에도 불구하고, 정상적인 생활을 할 수 있지만, 기관허탈이 심할 경우 심각한 호흡 곤란이 발생할 수 있다.

그림 7.4 기관허탈(우): 정상(좌)과 비교

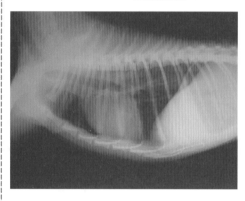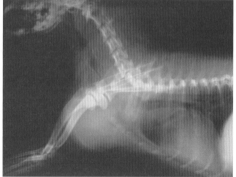

원인

정확한 원인은 밝혀진 바가 없지만, 선천적인 연골 약화가 가장 큰 원인이 된다. 과체중 또는 비만, 공기 청정제나 연기와 같은 기도 자극제, 마취(예:

기관 내 삽관), 켄넬코프나 상부호흡기감염, 울혈성 심부전(확장된 심장이 기관을 압박함) 등 여러 요인에 의해 심각한 증상을 보일 수도 있다. 기관 허탈은 모든 품종과 크기의 개에서 발생할 수 있지만, 요크셔 테리어, 포메라니안, 치와와, 시츄, 토이 푸들 같은 소형견에서 다발하고, 중년령 이상의 개에서 가장 흔히 발생한다.

임상증상

운동, 열, 습도, 흥분, 스트레스, 식사 또는 기관에 압력이 가해질 때 주로 증상이 악화되고, 오랜 기간 간헐적인 기침을 하게 된다. "거위 울음(goose honk)"이라는 매우 독특한 기침 소리를 내며, 구역질, 빠른 노력성 호흡, 운동불내성, 청색증, 기절 등 기관 허탈의 정도에 따라 여러 가지 증상들이 나타난다.

진단 · 치료 · 예방

신체검사, 임상증상, 흉부 및 목 방사선 촬영검사를 실시하여 진단할 수 있으며, 방사선 사진에서 확인되지 않을 경우, 추가적으로 형광 투시(fluoroscopy) 또는 기관 내시경 검사(bronchoscopy)를 통해 확진할 수 있다.

반려견의 호흡을 편하게 해주기 위해 산소 요법을 실시하고, 기침 억제제 (예: 부톨파놀 또는 하이드로코돈), 항염증제(예: 프레드니손 또는 플루티카손), 기관지 확장제 (예: 테오필린, 테르부탈린 또는 알부테롤), 진정제(예: 부톨파놀 또는 아세프로마진), 항생제 등이 치료에 도움이 될 수 있다. 대부분은 약물로 관리를 하는 것이 효과적이나, 필요에 따라 기관 외부에 고리를 설치하거나, 기관 내부에 스텐트를 설치하는 수술을 해야 할 수도 있다. 수술 합병증이 흔한 편이므로, 심각한 경우에 적용하는 것이 좋다.

기관허딜을 완전하게 회복시키는 방법은 없으며, 약물 및 체중감량을 통해 꾸준히 증상을 모니터링하고 관리하는 것이 필요하다. 공기 중 자극 물질은 기관 허탈이 있는 개에서 기침 증상을 악화시키므로, 담배연기, 알러지 유발 물질 등의 접촉을 최소화하는 것이 좋다. 과도한 흥분이나 호흡은 좋지 않으므로 길고 느린 산책을 하고, 기관에 압력을 가하지 않도록 목줄을 피하고, 하네스를 사용하도록 한다.

7.5 | 횡격막 탈장(Diaphragmatic Hernia)

특징

횡격막(diaphragm)은 흉강과 복강을 분리하는 얇은 근육으로, 호흡 과정에서 중요한 역할을 한다. 흡기 시 횡격막은 편평해지고, 팽창된 폐 내부로 공기가 들어올 수 있도록 흉강을 진공상태로 만들어 준다. 호기 시 횡격막은 정상적인 돔 모양으로 되돌아가서 폐에서 공기가 바깥으로 배출될 수 있도록 도와준다. 만약 횡격막 근육이 찢어질 경우, 복부의 내용물이 흉강(가슴강)으로 이동하게 되며, 이 상태를 횡격막 탈장(diaphragmatic hernia) 또는 횡격막 허니아라고 한다. 개의 횡격막 탈장은 주로 둔기에 의한 외상으로 발생하며, 종종 개가 자동차에 치이거나 대형 농장 동물에 의해 걷어차이는 사고로 인해 발생할 수도 있다. 강력한 충격으로 인해 얇은 횡격막 근육이 찢어지고, 찢어진 부위의 크기는 장간막으로 인해 막힐 수 있는 작은 상태부터 장기가 들어갈 수 있을 만큼 큰 것까지 다양하다. 처음에는 찢어진 부위의 크기가 작지만, 시간이 지남에 따라 점점 더 커질 수도 있다. 찢어진 부위가 매우 작아, 동물의 상태가 안정적인 경우를 제외하고, 대부분의 경우 횡격막 탈장은 응급상황으로 간주된다. 신속한 진단과 빠른 치료가 매우 중요하다.

가장 흔한 원인은 외상이다. 자동차에 치이거나, 소나 말에 차이거나, 높은 곳에서 떨어지는 강력한 충격으로 인해 횡격막은 쉽게 찢어질 수 있다. 드물지만, 선천적으로 발생하기도 한다.

임상증상

구토, 호흡 곤란, 빠르고 얕은 호흡, 청색증, 식욕부진, 운동불내성, 얇고 텅 비어 보이는 복강형태 등이 나타지만, 임상증상이 전혀 나타나지 않는 경우도 있다.

진단 · 치료 · 예방

횡격막 탈장은 신체검사소견을 기반으로, 방사선 촬영검사에서 장내 조직이나 가스가 흉부 내로 이동한 양상을 보고 확인할 수 있다(그림 7.5). 일반적으로 이 질병은 수술로 치료한다. 탈장 정도가 심할 경우 수술 전에 환자를 먼저 안정시키는 것이 중요하다. 복강 내 체액이 흉강으로 유입되어 호흡 곤란이 심한 경우, 수술 전에 흉강 천자를 수행하여 체액을 제거하고, 폐가 쉽게 확장되어 호흡이 원활하도록 해주어야 한다. 횡격막 탈장은 약물로 치료할 수 없으며 수술이 가장 효과적인 치료법이다. 수술이 늦어지면 폐와 복부 장기 사이에 반흔 조직이 형성되어 수술이 어려워질 수 있으므로 합병증을 예방하고 치료효과를 높이기 위해 신속하게 치료를 하는 것이 중요하다. 수술 후 최초 24시간 이내 증상이 더 악화되지 않는다면, 예후는 좋은 편이다. 회복 기간은 일반적으로 약 2주 정도 소요되며 엄격한 휴식과 활동 제한이 필요하다. 개를 밖으로 데리고 나갈 때는 반드시 목줄을 매고 산책시키도록 하고, 뛰지 않도록 한다. 수술 부위 보호를 위해 엘리자베스 칼라 등을 착용시켜도 좋다.

그림 7.5 횡격막 탈장에 의한 흉강 내 위장관 가스

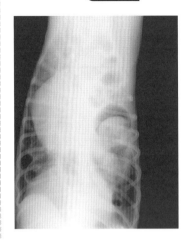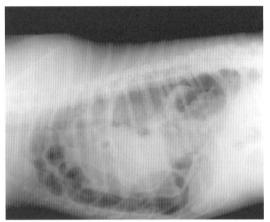

7.6 : 폐렴(Pneumonia)

특징

폐렴(pneumonia)은 폐 실질(pulmonary parenchyma)에 생긴 염증으로 인해, 폐 내 산소와 이산화탄소의 정상적인 교환이 손상되어 호흡이 어려워지는 질병이다. 세균, 바이러스, 곰팡이, 기생충, 면역매개성, 흡인성 등 다양한 원인에 의해 발생할 수 있으며, 여러 가지 원인이 한꺼번에 폐렴을 일으킬 수도 있다.

• 흡인성 폐렴(Aspiration pneumonia)

흡인성 폐렴(aspiration pneumonia)은 동물이 섭취한 음식물 또는 구토물이 역류하여 폐로 유입되어 발생하며, 가장 흔한 유형 중 하나이다. 흡입된 음식물은 폐 내 공기가 들어갈 공간을 물리적으로 폐쇄하고, 염증 반응을 일으킨다. 흡인한 위산은 폐 세포를 직접적으로 손상시킬 수 있고, 2

차적으로 세균 감염을 일으키기 쉬운 환경이 된다. 후두 장애, 진정 또는 마취 상태, 신경학적 장애, 강제 수유, 구토나 역류가 자주 발생하는 질병 상태에 따라 흔히 발생할 수 있으며, 단두종(퍼그, 불독, 보스턴 테리어 등)은 특히 흡인성 폐렴이 발생할 위험이 높다.

- 세균성 및 바이러스성 폐렴(Bacterial and viral pneumonia)

세균성 폐렴(bacterial pneumonia)은 개에서 흔히 발생한다. 세균은 보통 흡인이나 흡입을 통해 폐로 들어가지만, 혈류 전체로 퍼지는 경우는 드물다. 건강한 동물은 원발성 세균성 폐렴에 잘 걸리지 않지만, 어린동물, 노령동물, 면역력이 저하된 동물은 세균성 폐렴에 더 취약하다. 주로 감염되는 세균은 보데텔라(*Bordetella*), 마이코플라스마(*Mycoplasma*), 예르시니아(*Yersinia*), 연쇄상 구균(*Streptococcus*), 대장균(*E.coli*), 클렙시엘라(*Klebsiella*), 슈도모나스(*Pseudomonas*), 장구균(*Enterococcus*), 파스퇴렐라(*Pasteurella*), 바실루스(*Bacillus*), 푸소박테리움(*Fusobacterium*) 등이 있다. 이러한 세균과 함께 바이러스에 중복감염될 수 있으며, 주로 흡입을 통해 퍼지며 일반적으로 다른 개에게 전염성이 높다. 흔히 감염을 일으키는 바이러스는 개 인플루엔자(Canine influenza), 개 홍역(Canine distemper), 개 아데노바이러스-2(Canine adenovirus-2), 개 헤르페스바이러스(Canine herpesvirus), 개 파라인플루엔자 바이러스(Canine parainfluenza virus) 등이 있다. 동물보호소, 집단 사육 환경에서 세균과 바이러스에 중복감염되는 경우가 많다.

- 기생충 및 원충성 폐렴(Parasitic and protozoal pneumonia)

살아있는 기생충이 개의 폐에 기생하여, 번식하는 상태를 말한다. 오염된 대변을 통해 기생충에 감염될 수 있으며, 심장사상충의 경우 모기와 같은 매개충을 통해 감염될 수 있다. 개에서 주로 감염을 일으키는 원인체는 네오스포라(*Neospora*)와 톡소플라스마(*Toxoplasma*)가 있다.

• 호산구성 또는 알레르기성 폐렴(Eosinophilic or allergic pneumonia)

호산구성 폐렴은 개의 면역체계 문제로 인해, 폐 실질에 백혈구(호산구)가 침윤되어 일어난다. 포자, 꽃가루 또는 곤충 항원과 같은 호흡기 자극 물질이 이러한 면역 반응을 유발할 수 있다.

임상증상

폐렴의 증상은 경미한 증상부터 호흡 곤란 및 정상적으로 호흡할 수 없는 증상까지 다양하다. 대부분 응급 상황으로 즉시 치료가 필요하다. 가장 흔한 증상은 다음과 같다.

• 기침

• 노력성 호흡

• 콧물

• 천명음(wheezing)

• 발열

• 무기력(lethargy)

• 호흡곤란

• 심한 경우 청색증

진단 · 치료 · 예방

진단은 다음 여러 가지 방법으로 가능하다.

• 청진: 체액의 존재로 인해 딱딱거리는 소리, 쌕쌕거림, 기포가 터지는 소리

• 흉부 X-ray 촬영검사(그림 7.6)

• 혈액 화학검사 및 전혈구수(CBC): 염증, 감염, 탈수, 패혈증 등 소견

• 맥박 산소 측정 및 혈액 가스 분석: 호흡기능 장애 확인, 후속 조치 및 치

료 모니터링 과정에서 필수적

- 맥박산소측정기 검사: 모세혈관 내 산소포화도 확인

- 혈액 가스 분석: 산소, 이산화탄소, pH 등을 분석

- 세포 및 배양 검사: 기관지경을 이용해 폐 내 특정 세균 및 미생물을 확인 하고, 적절한 약물 처치에 필요

- 기타 MRI, CT, PCR 등

그림 7.6 폐렴 환자의 흉부방사선 사진

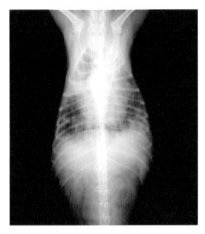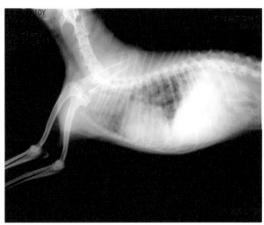

치료는 폐렴의 원인, 증상의 중증도에 따라 다양하다. 경미한 폐렴 환자는 외래 약물치료, 휴식, 재택 간호를 통해 관리할 수 있으며, 중등도 내지 중증 환자는 24시간 간호와 특수 장비를 갖춘 입원시설에서 치료해야 한다. 가장 흔히 사용하는 항생제로는 독시사이클린, 플루오로퀴놀론, 아목시실린-클라불란산 등을 사용할 수 있고, 치료는 일반적으로 오랜 시간이 걸릴 수 있다. 호흡 곤란이 있는 환자는 비강 마스크, 산소케이지 등을 이용하여, 충분한 산소공급을 하여야 한다. 산소 케이지는 20% 산소(실내 공기와 동일)에서 100% 산소까지 산소량을 조작할 수 있는 밀폐된 공간을 말하며, 일반적으로 호흡 곤란이 있는 개에게 산소를 공급하기에 가장 스트레스를 적게

주는 방법이다. 폐렴에 걸린 개는 일반적으로 탈수 상태이며 재수화(rehydration)를 위해 정맥 카테터와 수액 요법이 필요하다. 식염수나 항생제를 첨가한 분무치료를 통해 미세한 미스트를 생성하여, 습도를 증가시켜 줄 수 있다. 분무치료 후 가슴 주위를 부드럽지만 단단하게 두드리는 처치를 쿠파주(coupage)라고 하는데, 이와 같은 처치는 기도에 갇힌 점액과 기타 세포를 분해하고 제거하는 데 도움을 준다. 심한 폐렴 환자의 경우 진정제와 호흡을 도와줄 수 있는 인공호흡기가 필요하다. 이는 초기 산소 요법에 반응하지 않는 상태이거나, 반응이 미약한 경우에 중환자실에서 사용할 수 있는 방법이다.

치료가 완료된 후에도 주기적으로 흉부 X-ray 촬영검사를 수행하여 재발 여부를 확인하는 것이 좋다.

8. 비뇨기 질환
Diseases of the Urinary System

8.1 │ 신부전(Renal Failure)

특징

신장(Kidney)은 여과기능을 통해 몸 속 노폐물을 제거하고, 체내에 유지되는 체액과 영양분이 오줌으로 배출되는 양을 조절한다. 이러한 신장의 기능에 문제가 생긴다면, 이와 같은 여과 기능이 제대로 작동하지 않아 노폐물이 혈류에서 적절하게 제거되지 않고 너무 많은 체액이 단백질 및 전해질과 함께 오줌으로 배출되게 된다. 노폐물이 혈액과 조직에 쌓일 경우, 소화관 내벽에도 궤양이 생길 수 있다. 이러한 상태를 신부전(renal failure)이라고 한다. 급성 신부전(acute renal failure)은 매우 짧은 시간 내에 발생하며 독소를 먹거나 마시거나 신장에 해를 끼치는 심각한 감염으로 인해 발생하는 경우가 많다. 만성 신장 질환(chronic renal failure)은 점진적으로 발병하거나 오랜 기간에 걸쳐 신장 기능의 문제가 일어난 경우를 말한다. 나이가 든 반려동물에서는 만성 신부전이 일어나는 경우가 많으며, 몇 개월 전 섭취한 유독물질로 인해 신장이 손상되어 만성 신부전증을 일으킬 수도 있다.

독성물질 섭취 또는 감염과 같은 급성 질환으로 인해 신부전이 발생할 수 있다. 나이가 듦에 따라 퇴행성 변화 또는 일부 품종(예: 핏불 테리어, 잉글리시 코커 스패니얼, 케언 테리어, 저먼 셰퍼드, 사모예드, 시추, 라사 압소, 알래스카 맬러뮤트)에서는 유전적 소인으로 인해 발생할 수 있으며, 좀 더 상세한 원인은 다음과 같다.

• 독성물질 섭취(예: 에틸렌글리콜(부동액), 포도 또는 건포도)

• 이부프로펜이나 나프록센과 같은 인체용 약물

• 카프로펜이나 멜록시캄과 같은 약물의 과다 복용

• 대사질환

• 판코니 증후군

• 진성 당뇨병

• 요붕증

• 고혈압

• 신장 감염

• 라임병

• 렙토스피라증

• 자가 면역 질환

• 면역매개성 사구체신염

• 림프종, 신장 선암종과 같은 암

- 다음다뇨
- 집 안에서 배뇨 실수
- 의기소침
- 식욕부진
- 구토
- 침흘림
- 배변의 변화(설사 또는 변비)
- 체중 감량
- 구강 염증
- 구취
- 허약

진단을 위해서는 다음과 같은 검사를 수행하도록 한다.

- 신체 검사
- 전혈구검사(CBC)
- 혈청화학검사
- 소변배양검사
- 복부 X-ray 및 초음파 검사

신부전의 치료는 질병의 중증도와 급성인지 만성인지에 따라 결정된다. 급성 신장 질환은 IV 수액 처치를 통해 신장 기능을 돕고, 노폐물을 제거할 수 있도록 입원치료를 하는 것이 필요할 것이다. 질병의 원인에 따라 독성

물질을 제거하기 위해, 가능하다면 독소 결합 약물, 항생제 또는 위장관을 보호하는 약물을 투여할 수 있다. 일부 원인(예: 부동액 중독)의 경우, 신장 투석이 도움이 될 수 있지만, 대학병원이나 전문 동물병원에서만 가능하므로 제한적이다. 만성 신부전은 집에서 반려견을 주의 깊게 관리하도록 보호자 교육이 필요하며, 반려견이 물을 자주 마실 수 있도록 유도하고, 처방식 사료를 급여한다. 신부전으로 인한 고혈압은 약물치료가 필요하다. 만성 신부전을 앓고 있다면, 정기적으로 동물병원을 내원하여, 신장 기능과 관련한 검사를 받도록 하고, 필요하다면, 입원하여 수액 공급을 받아야 한다.

급성 신부전의 예후는 질병의 원인, 질병의 중증도, 신장 손상 정도, 적극적인 치료, 환자의 반응에 따라 다양하다.

8.2 신장 감염증(Renal Infection)

신장 감염(renal infection)은 주로 세균에 의해 발생하며, 그다지 흔하지는 않지만, 방광 감염의 병력이 있는 개에서 발생할 위험이 더 큰 편이다. 모든 연령의 개에게 발생할 수 있지만, 중년령 이상의 암컷에서 더 많이 발생하고 있다. 신장 감염은 급만성으로 올 수 있으며, 신장을 심각하게 손상시켜 결국 신부전으로 이어질 수 있으므로, 심각한 질병이다.

원인

대부분의 신장 감염은 방광에서 시작되며 개의 요도(urethra)를 통해 감염된 세균에 의해 주로 발생하며, 특히 분변 내 세균이 방광 및 신장 감염의 원인으로 가장 흔하다. 요로에는 감염에 대해 자연적 방어 기능이 있지만, 다음과 같은 여러 가지 건강 문제로 인해 이러한 방어 기능이 무너질 수 있다.

- 만성 신장 질환: 만성 신장 질환과 관련된 염증과 묽은 소변은 요로 감염 가능성을 더 높일 수 있다.
- 해부학적 이상: 일부 개는 요로 감염에 걸리기 쉬운 해부학적 이상을 가지고 태어난다. 예를 들어, 요관이 요도로 직접 연결된 경우 세균은 신장까지 더 쉽게 이동할 수 있다.
- 요로 결석: 결석은 요로의 내부 표면을 손상시켜, 감염에 더 취약하게 만들 수 있다.
- 당뇨병: 당뇨병이 있는 개는 당을 함유한 묽은 소변을 자주 누게 되며, 이는 세균이 번식하기에 이상적인 환경이 될 수 있다.
- 쿠싱병: 쿠싱병과 관련된 높은 코티솔 수치는 면역체계를 억제하고 묽은 소변을 생성하여 감염 가능성이 높다.
- 요로암: 요로 내의 종양은 출혈, 염증 및 해부학적 이상을 유발하여 감염 가능성이 높다.
- 면역억제제: 면역체계를 억제하는 약물을 복용하는 개는 감염 위험이 높다.

임상증상

신장 감염이 발생한 개는 처음에 그다지 특별한 증상을 나타내지 않을 수 있다. 약간 기운이 없어 보일 수 있지만, 시간이 지남에 따라 다음과 같은 증상을 보일 것이다.

- 혼수
- 식욕 부진
- 발열
- 복통
- 갈증과 배뇨 증가

- 소변의 혈액

- 소변을 참기 힘듦(절박뇨)

- 집 안 내에서 배뇨

- 소량의 소변을 자주 눔

- 구토

- 체중 감량

개에게 요로 감염이 있는 경우, 방광에만 감염되었는지(가장 흔함), 신장에도 감염되었는지(드물지만 더 심각한 상태) 확인하기 어려울 수도 있다. 복부 X-ray 촬영 검사가 신장 비대 또는 기타 문제를 보여줄 수 있지만, 초음파가 신장 감염의 증거를 찾는 가장 좋은 방법이 될 수 있다. 초음파 가이드를 통해 주사기를 찔러 넣어 방광이나 신장에서 직접 오줌을 채취할 수 있다. 세균배양검사를 토대로 세균의 존재와 종류를 확인하고, 항생제 감수성 테스트를 통해 적절한 항생제를 선택하는 것이 중요하다. 진단을 위해서는 다음과 같은 검사를 수행하도록 한다.

- 신체 검사

- 전혈구검사(CBC)

- 혈청화학검사

- 소변검사

- X-ray

- 초음파 검사

항생제 치료는 필수적이며, 소변 배양 및 항생제 감수성 테스트를 통해 효과적인 항생제를 선택하는 것이 좋다. 일반적으로 처방되는 항생제는 다음과 같다.

- 아목시실린-클라불란산(amoxicillin-clavulanic acid)

- 세프포독심(cefpodoxime)

- 마르보플록사신(marbofloxacin)

- 엔로플록사신(enrofloxacin)

약 10~14일간 항생제 치료가 필요하며, 치료가 끝나고 개의 상태가 정상으로 돌아오더라도 1~2주 후 검사를 통해, 완치가 되었는지 확인하는 것이 좋다. 대부분의 신장 감염은 방광 감염으로 시작되므로, 방광 감염이 있는 경우 빠르게 치료하는 것이 가장 좋은 예방법이다. 예를들어 평소 오줌을 눌 때 불편해하거나, 소량의 오줌을 자주 누는 경우, 사고·변색된 오줌을 누는 경우, 요도 입구를 자주 핥는 증상은 방광 감염을 의심할 수 있으며, 수의사의 진료를 받을 수 있도록 빠르게 조치하는 것이 좋다.

그림 8.2 감염으로 적출한 신장과 고름

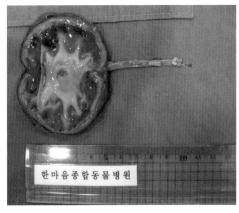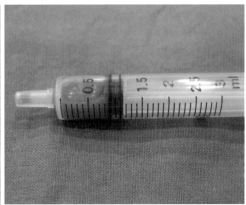

8.3 | 비뇨기 결석(Urinary Calculus)

특징

비뇨기 결석(urinary calculus)은 신장(kidney), 요관(ureter), 방광(urinary bladder), 요도(urethra) 등에서 발생하고, 개와 고양이 모두에서 발생하고, 개에서 주로 많이 발생하는 부위는 방광과 요도이다(그림 8.3-1, 8.3-2). 결석은 소변 성분 중 칼슘, 요산, 인, 마그네슘 등의 미네랄 성분이 결정화되어 결석이 된다. 그 크기와 모양은 발생 부위와 기간, 주요 구성성분 등에 따라 다르며, 매우 다양하게 발생한다.

원인

- 요로감염 즉, 방광염으로 인한 염증 산물과 분비물 증가
- 음수 섭취의 제한
- 많은 양의 미네랄 섭취

임상증상

- 혈뇨(피오줌)
- 빈뇨
- 소변보는 자세를 계속 취하지만 소변을 보지 않음
- 등을 굽히는 자세, 소리지르기 등 통증을 나타냄

그림 8.3-1 X-ray 사진. 방광 내 결석(빨간 원)

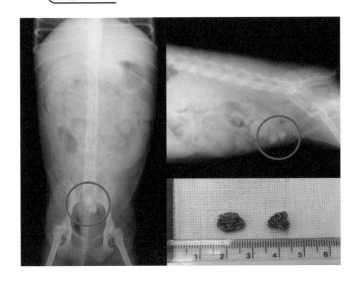

그림 8.3-2 X-ray 사진. 요도 내 결석(노란 원)

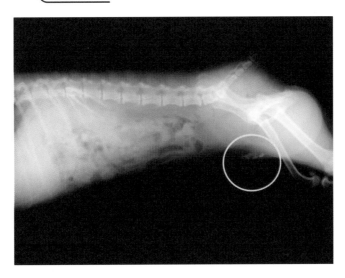

진단 · 치료 · 예방

임상 증상, 초음파 검사, 방사선 촬영검사, 소변검사를 통해 염증, 감염, 결석 성분 분석 및 확인을 통해 진단한다. 치료는 결석의 위치와 크기, 임상증

상의 정도에 따라 조금씩 달라지지만, 증상이 있는 경우 원칙적으로 수술을 통해 결석을 제거하는 것이 최선의 방법이다. 수컷의 경우 요도결석증은 요도구형성술(urethroplasty)을 통해 치료 및 재발을 예방할 수 있다(그림 8.3-3). 그 외 약물요법과 식이(처방사료)를 통해 결석을 녹이는 방법 등이 있다. 예방과 관리는 처방사료를 활용하면서 평소 충분한 음수를 하게 하고 정기적인 검사를 통해 꾸준히 모니터링하는 것이 좋다.

그림 8.3-3 요도구형성술(요도 내 카테타 삽입)

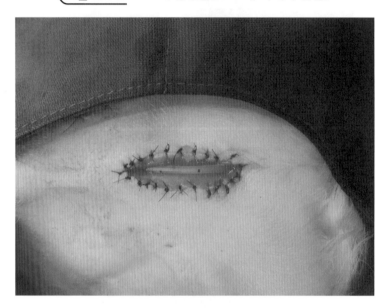

9. 생식기 질환

Diseases of the Reproductive System

9.1 | 암컷생식기 질환

9.1.1 유선염(Mastitis)

특징

유선염은 유선조직의 염증을 의미하는 것으로 대부분 세균 감염에 의해 나타난다. 보통 출산을 한 어미견에서 수유기간 중에 가장 자주 나타나는데 이는 수유과정 중 새끼들이 어미의 젖을 물리적으로 자극하고 상처를 주기 때문이다. 어미는 통증으로 인해 수유를 하지 않을 수도 있고, 이렇게 되면 새끼들이 성장하지 못한다. 치료를 적절하게 실시하지 않으면 유선 조직이 괴사(necrosis)되어 탈락하고 더 심한 감염으로 이어져 생명에 영향을 줄 수 있다.

원인

대부분 유선조직에 발생한 상처를 통해 세균이 침입하여 감염을 일으킨다. 보통 수유과정 중 새끼들의 자극으로 발생하지만, 외상이 없어도 비위생적인 환경에서 사는 어미의 경우 다수의 세균 및 기타 물질에 노출되어 감염될 가능성이 높다. 감염이나 상처가 없는 단순한 외상이나 산자수가 적거나, 태어난 새끼가 사망하여 모유를 충분히 배출하지 못하여 모유가 유선에 축적되는 경우에도 유선 조직에 염증을 유발할 수 있다.

임상증상

- 새끼에게 수유하는 것을 꺼림, 새끼 강아지의 성장 지체
- 유선의 부종
- 진행이 되면 유선조직에 열감, 발적이 나타남
- 상처가 관찰되며, 궤양이 발생함, 혈액이나 농성 물질이 흘러나옴, 분비물은 우유에 비해 점도가 있음
- 통증이 심해짐, 유선조직이 자주색 또는 검은색으로 변함
- 패혈증으로 진행시 기력저하, 발열, 식욕부진, 구토

그림 9.1.1 유선염

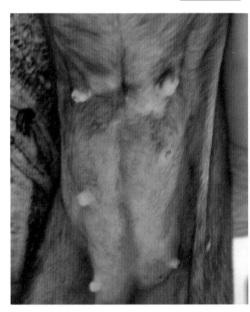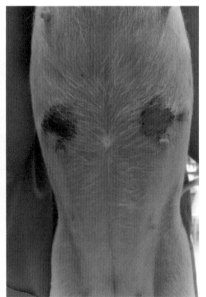

유선염은 기본적으로 신체검사만으로 진단이 가능하지만 더 정확한 상태를 파악하기 위해서는 실험실적 검사가 필요하다. 혈액검사를 통해서 적혈구, 백혈구 및 혈소판 수치를 확인하는데, 특히 백혈구 수가 증가할 수 있다. 백혈구 수는 염증의 정도에 영향을 받을 수 있다. 우유 또는 분비물을 현미경으로 관찰하는 세포학적 검사를 실시하여 백혈구나 세균의 존재를 확인한 후 유선염을 확진할 수 있다. 필요에 따라 분비물을 배양하여 내부에 존재하는 세균을 분리 동정하고, 항생제 감수성 검사를 통해 가장 효과적인 항생제를 선택할 수 있다.

항생제 및 소염/진통제로 치료하며 대부분의 경우 2~3주 안에 해결된다. 경우에 따라 분비물을 짜주거나 맛사지가 필요할 수 있다. 유선염이 심한 경우, 수액 및 주사 항생제 요법이 필요하며, 괴사된 조직이 관찰된 경우, 괴사된 조직과 주변 유선 조직을 수술적으로 제거한다.

유선염을 예방하기 위해서는 매일 유선 조직을 살펴보고 적절한 크기로 잘 유지가 되는지, 새끼가 우유를 잘 먹어서 유즙이 잘 빠져나가는지, 상처가 있는지 확인하고 이상 징후가 보이면 신속히 동물병원에 방문하여 진찰을 받는다.

9.1.2 자궁축농증(Pyometra)

특징

개의 자궁축농증은 자궁에 심각한 감염이 발생하는 것으로 보통 중성화하지 않은 중년 또는 노령 암컷견에서 호발한다. 느슨해진 자궁목을 통해 세균이 외부 생식기로부터 자궁내로 유입되어 발생한다. 세균 감염은 보통 발정 직후 3~4주 이내에 나타나는 경우가 많고, 증상이 나타난 환자들은 지난 2개월 이내에 발정이 왔던 경우가 많다. 자궁 감염이 이루어지면 농이 자궁에 쌓이게 되어 발열, 생식기 분비물, 기력저하, 음수량 증가 등의 다양한 증상이 나타나고 적절한 진단과 치료가 이루어지지 않으면 급속히 병이 진행되어 생명에 위협이 될 수 있다.

원인

발정 직후 암컷은 성호르몬(에스트로겐, 프로게스테론)을 통해 임신을 준비하는데, 임신이 이루어지지 않는 경우에도 임신과 유사한 조직 변화가 발생한다. 이러한 과정이 여러번의 발정 주기를 통해 반복되면, 자궁벽이 비후되고 때로는 낭(cyst)성 구조물이 발생하며, 결국 세균 감염에 취약한 상태가 된다. 자궁축농증을 유발하는 대표적 세균으로는 *Escherichia coli*, *Streptococcus* spp., *Staphylococcus* spp. 등이 있다.

에스트로겐 또는 합성에스트로겐 약물, 프로게스테론 계열의 약물 또한 체내에서 분비되는 호르몬과 유사하게 자궁에 작용하므로 이러한 약물들 또한 자궁축농증을 유발시킬 수 있다. 따라서 이러한 약물을 사용할 경우에는 각별한 주의가 필요하며, 사용한 경우에는 환자를 잘 모니터링 해야 한다.

임상증상

• 소변량 증가(polyuria, PU), 음수량 증가(polydipsia, PD), 헐떡거림

• 발열, 구토, 식욕부진, 기력저하, 복부 팽만, 쇼크

• 생식기 농성 분비물(그림 9.1.2-1, 폐쇄형의 경우 관찰되지 않을 수 있음)

그림 9.1.2-1 자궁축농증: 외부생식기의 화농성 혈액성 분비물

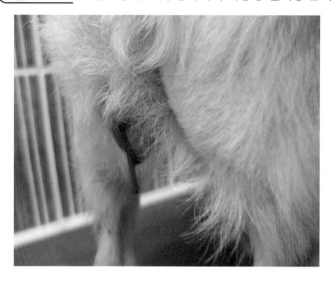

그림 9.1.2-2 자궁축농증: 화농성 삼출물로 채워진 자궁

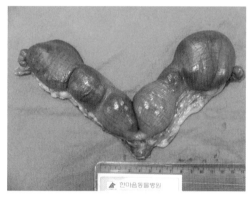 

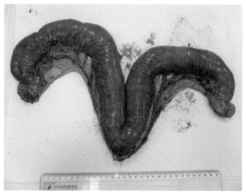 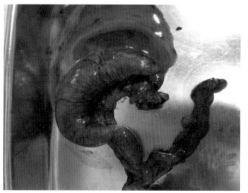

병력을 통해 지난 2개월에 발정이 왔고, 중성화수술을 하지 않은 개체가 외부 생식기에서 농성 분비물을 흘린다면 자궁축농증을 의심해야 한다. 확진을 위해서는 임상증상뿐만 아니라 X-ray, 복부초음파를 통해 비후된 복강 내 자궁을 확인하고 자궁 내부에 다량의 액체가 저류된 것을 확인해야 한다. 개방형 타입의 자궁축농증은 농이 서서히 배출되기 때문에 영상학적으로 확인이 어려울 수 있다. 혈액검사를 통해서 증가된 백혈구수(WBC)를 확인할 수 있다. 다음/다뇨 증상으로 인해 요비중이 낮게 나온다.

내과적인 치료는 거의 효과가 없기 때문에 일반적으로 수술로 자궁과 난소를 제거(ovariohysterectomy)한다. 수술 방법은 중성화수술과 유사하지만, 환자의 상태, 자궁의 크기, 병의 진행 정도에 따라 수술이 복잡해지며, 입원기간 및 치료 방법이 달라지고 항생제 치료가 필수적이다.

새끼를 낳을 계획이 없다면, 자궁축농증을 예방하기 위해 질병이 발생하기 전 중성화수술을 실시하면 된다. 또한 에스트로겐 및 프로게스테론과 같은 성호르몬의 사용에 주의해야 한다.

9.1.3 난산(Dystocia)

특징

난산은 출산과정이 힘들거나 지연되어 어미나 태아의 생명에 지장을 줄 수 있는 상태를 의미하며, 어미의 생명과 태아의 생존률을 높이기 위해 즉각적인 내과적 또는 외과적 개입이 필요하다. 난산은 어미 개의 문제 또는 태아의 문제 때문에 발생할 수 있으며, 치료는 그 원인에 따라 달라진다. 발정과 교배시기에 대한 정보, 정기적인 어미와 태아의 건강체크, 임신기간 동안의 관리 같은 정보를 보호자에게 청취하여 환자 상태를 파악해야 한다. 보통 불독, 프렌치 불독, 보스턴 테리어, 페키니즈 등과 같은 단두종(brachycephalic breed) 품종에서 잘 나타난다.

원인

어미 개에 문제가 있는 경우와 태아에 문제가 있는 경우로 나누어 볼 수 있다. 어미 개의 문제로는 자궁 무력증(inertia), 자궁 염전(torsion), 물리적으로 작은 산도(유전적으로 작은 경우, 과거에 골절이 있는 경우, 종양이 있는 경우 등), 노령 출산, 감염과 같은 전신 질환, 불량한 영양상태, 품종 소인, 과도한 불안이나 스트레스 등이 있다(그림 9.1.3-1). 태아 쪽 원인으로는 이상 태위(malpresentation), 태아 기형, 대형 태아, 산자수의 이상, 사망한 태아(그림 9.1.3-2) 등이 있다.

그림 9.1.3-1 난산으로 인한 외음부 손상(좌)과 치료 후(우) 사진

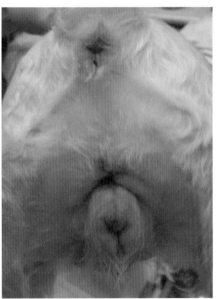

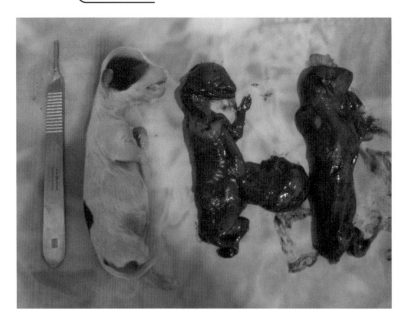

그림 9.1.3-2 　난산의 원인이 되는 태아 사산

임상증상

• 1단계 산통이 시작 후 24시간 이내에 출산하지 못함

• 분만 없이 1시간 이상 계속 힘을 주는 행동

• 분만 후 다음 태아가 있음에도 3시간 이상 힘을 주지 않음

• 분만 중 과도한 통증, 질 출혈

• 막에 쌓인 태아가 보이지만 15분 이상 나오지 못함

• 죽은 태아가 나옴

• 첫 출산 전 녹색이나 검은색 질 분비물

진단·치료·예방

임상증상과 환자에 대한 정보를 바탕으로 난산여부를 결정하지만, 방사선
검사를 통해 산자수와 산자의 크기, 태위 등에 대한 정보를 얻을 수 있다

(그림 9.1.3-3). 초음파 검사를 통해 자궁내 태아의 심박수와 움직임 확인을 통해 태아의 건강 상태를 짐작할 수 있다. 산모의 건강 상태를 확인하기 위해 혈액검사가 필요할 수 있다.

내과적 처치로 호르몬 주사(옥시토신)를 통해 자궁 수축을 유도할 수 있으나 자궁목이 어느 정도 열린 상태에서 실시하여야 한다. 산도에 걸려서 나오지 못하는 태아의 경우, 멸균장갑과 윤활제를 이용하여 손가락으로 출산을 도울 수 있다. 난산의 원인에 따른 처지를 실시하였음에도 불구하고 난산 환자의 약 60%에서 제왕절개와 같은 수술적 처치가 필요하기 때문에 동물병원 의료진은 응급 수술을 준비해야 한다.

임신한 어미 개의 경우 정기적으로 동물병원에 내원하여 산모와 태아의 건강상태를 체크하고 태아의 발육 상태도 점검하여 출산시 난산의 발생률을 줄인다. 산전 검사 및 품종소인 등으로 인해 난산이 나타날 확률이 높은 경우 예방적으로 제왕절개를 실시할 수 있다.

그림 9.1.3-3 난산: 태아의 크기나 자세를 방사선 검사로 확인

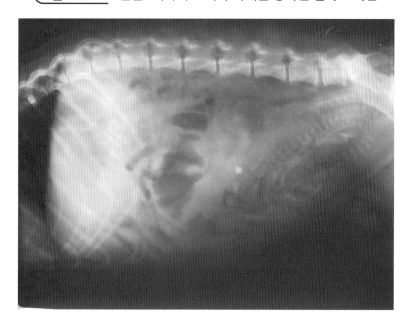

질탈(Vaginal Prolapse)

특징

암컷의 외부 생식기(질, vagina) 밖으로 질 또는 주변 조직이 돌출되는 것을 의미한다. 모든 연령대에서 나타날 수 있으며, 중성화하지 않은 암컷에서 발정기 때에 호발한다. 대부분의 경우 질 조직의 단순한 부종으로 발생하지만, 생식기 조직의 과증식(hyperplasia) 또는 종양(neoplasia)에 의해 부피가 비대해지면서 밖으로 돌출되는 경우도 있다. 체내의 점막으로 덮여 있는 구조물들이 밖으로 노출되어 불편함을 느끼게 되고 오래 방치될 경우, 부종이 심해지고 배뇨/배변 곤란, 조직 괴사가 발생할 수 있다.

원인

발정기에 성호르몬(에스트로겐, estrogen) 자극에 의한 질 조직의 비후, 유전적 소인이 일반적인 원인이다. 중성화하지 않은 경우, 반복되는 에스트로겐의 노출에 의해 질 조직이 과증식되거나 종양화되어 비대해지고 외부로 돌출된다. 일부 난산이 있는 암컷의 경우, 과도한 힘으로 인해 돌출되기도 하며, 배뇨나 배변에 심각한 어려움이 있는 개체의 경우, 과도한 노책에 의해 질탈이 동반되기도 한다.

임상증상

• 외부 생식기 부위에 돌출된 붉거나 분홍색의 조직

• 질 부위 핥기, 교미 거부

• 배뇨/배변시 통증, 무뇨증

그림 9.1.4 질탈

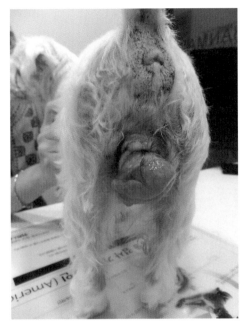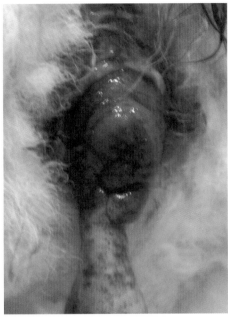

진단 · 치료 · 예방

신체검사를 통해 돌출된 조직을 확인하여 진단하며, 경우에 따라 영상학적 검사, 세포학적 검사를 통해 돌출된 조직이 정확히 어느 조직 유래인지 확인할 필요가 있다. 단순하거나 가벼운 탈출증의 경우, 윤활제를 이용하여 조직을 원위치로 환납시키고 임시 봉합을 실시한다. 하지만, 노출된 정도, 병발한 염증의 정도에 따라 수술적으로 괴사된 조직을 제거해야할 수 있다.

비뇨기 결석과 같은 비뇨기 문제 또는 만성 장염과 같은 소화기 문제 때문에 발생한 이차적인 질탈의 경우에는 근본원인을 찾아 해결해 주어야 재발을 막을 수 있다. 질탈에 의한 합병증으로 배뇨곤란이 병발한 경우에는 요도의 개통성이 확인될 때까지 요도카테터를 장착해야 할 수 있다. 종양으로 인해 덩어리가 발생하여 외부로 돌출된 경우는 단순히 환납하여 고정하더라도 덩어리의 크기가 줄어들지 않기 때문에 수술적으로 모두 제거하는 방법을 고려할 수 있다.

발정에 의한 호르몬이 원인인 경우는 재발을 막기 위해 중성화수술이 추천된다. 중성화수술을 실시하지 않으면, 대부분 다음 발정기에 재발하는 경우가 매우 흔하다.

9.1.5 유선종양(Mammary Gland Neoplasia)

특징

유선종양은 유선 조직을 구성하는 세포들이 비정상적으로 증식하여 발생하는 질병으로 대부분 유선 조직과 그 주변에서 덩어리나 혹을 촉진할 수 있다. 이 종양은 악성도의 유무에 따라 양성과 악성으로 구분하고, 유선 조직을 구성하는 세포 중 어느 부분의 세포가 비정상적인 증식을 하였는가에 따라 타입을 분류한다. 대개 중성화수술을 하지 않은 암컷 노령견에서 호발하며, 수컷에서는 매우 드물다. 소형견에서 흔한 편이며, 유전적 돌연변이는 아직 확인되지 않았다.

원인

유선종양이 왜 발생하는지 아직 정확한 원인이 밝혀지지 않았지만, 프로게스테론(progesterone)과 같은 성호르몬에 노출되는 빈도수가 증가할수록 나이가 들면서 암 발생률이 높아진다. 프로게스테론은 유선세포의 성장인자의 분비를 자극해서 결국 유선 세포들이 증식하도록 유도한다. 외국 사례에 따르면, 암컷의 중성화수술 여부와 중성화수술 시기에 따라 암 발병률이 달라진다. 첫 발정기 이전에 중성화수술을 실시하면 유선종양 발병률이 0.5% 정도이지만, 첫 번째 발정 후 수술을 하면 8%, 두 번째 발정 후 수술을 하면 26%로 점점 증가하는 경향이 있다. 사람에서는 BRCA(breast cancer gene)라는 유전자와 유방암과의 상관관계가 정립되었지만, 개에서는 보다 다양한 유전자가 영향을 미치는 것으로 판단된다.

- 복부 유선 주위에 단단한 덩어리(좁쌀 크기부터 자두 크기까지 크기가 다양)

- 서로 연결된 유선끼리 동반하여 발생가능

- 외부 마찰에 의해 상처가 발생하여 감염발생

- 조직의 궤양 또는 괴사

- 종양이 악성이고 다른 장기로 전이되면 다양한 임상증상 발생 가능

- 기력저하, 식욕부진, 체중감소, 기침, 호흡곤란

그림 9.1.5 유선종양

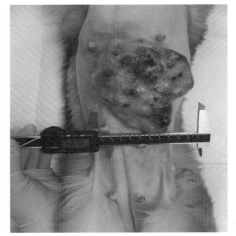
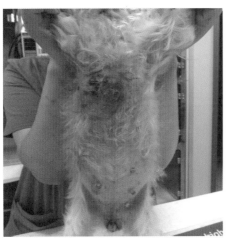
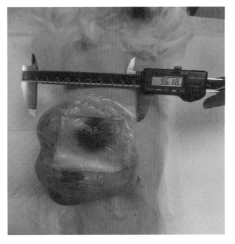

복부 유선 부위에 덩어리가 촉진된다고 모두 종양은 아니기 때문에 일반적으로 덩어리에서 세포를 채취하여 현미경으로 종양세포 유무를 확인하는 세포학검사(cytology)를 실시하여, 종양인지 종양이 아닌 다른 상태인지 감별할 수 있다. 하지만 이 검사법으로는 종양 중에서 양성과 악성을 구별하는 것이 쉽지 않기 때문에 이를 보완할 수 있는 조직병리 검사를 실시한다. 세포학 검사와 달리 조직병리 검사는 덩어리 조직 일부 또는 전부를 떼어내어 실험실로 보내고, 여러부위의 조직 절편을 만들어 덩어리 전체의 조직 구조를 확인한다. 종양의 유무 및 악성의 유무도 확인하게 된다. 조직병리 검사가 보다 확실한 결과를 얻을 수 있지만 검체 체취를 위해서는 보통 전신마취가 필요하다는 단점이 있다.

악성 종양으로 판명될 경우, 동물의 체내 다른 장기로 암 세포가 전이되었을 수 있기 때문에 다양한 검사(방사선검사, 초음파검사, 혈액검사, 소변검사 등)를 통해 전이 유무를 확인하고 이 결과를 바탕으로 병기(stage)를 결정하게 된다. 병기를 통해 치료 방법을 결정하고 치료 시 예후도 가늠해볼 수 있다.

단일 또는 소수의 암 덩어리가 발견되면 수술적으로 제거하고 이런 경우는 예후가 좋은 편이다. 유선은 서로 이어져 있기 때문에 필요에 따라 연결된 유선 조직을 함께 제거하는 경우가 많으며, 유선 제거와 함께 중성화수술을 하여 난소도 함께 제거하는 것이 좋다. 덩어리가 크거나(직경이 3cm 이상) 여러 개가 발견된 경우는 예후가 좋지 않다. 종양이 크거나 전신으로 퍼진 경우, 수술로 모두 제거할 수 없기 때문에 화학요법(chemotherapy)이 권장되며, 방사선요법(radiation therapy)도 고려해볼 수 있다.

유선종양을 예방하기 위한 최선의 방법은 첫 발정이 오기 전 중성화수술을 실시하여 난소를 제거하고, 유선조직이 프로게스테론에 노출되지 않도록 하는 것이다.

9.2 수컷생식기 질환

9.2.1 잠복고환(Cryptorchidism)

특징

잠복고환이란 수컷에서 성장하면서 한쪽 또는 양쪽의 고환이 음낭으로 들어가지 않는 상태를 의미한다. 즉, 하강하지 않은 고환은 복강 안에 존재하거나 피하에 머무르게 된다. 개는 태어날 때, 고환은 일반적으로 서혜부(inguinal region) 근처나 주변의 서혜륜 부위에 위치해 있다가 성장하면서 고환 길잡이(gubernaculum)를 따라 음낭으로 이동한다. 고환이 내려오지 않으면 고환은 체온에 영향을 받아 정자를 정상적으로 생산하지 못하여 일반적으로 불임이 되는 경우가 많다. 노령이 되면 종양으로 진행되는 경우가 많다.

원인

유전 질병으로 알려져 있으며 X염색체와 관련이 있다. 교배한 수컷 개가 잠복고환을 가지고 있다면 자손들에게도 나타날 가능성이 높다. 소인이 있는 품종으로는 단두종, 요크셔 테리어, 포메라니안, 푸들, 미니어쳐 슈나우저, 치와와, 시베리안 허스키, 셰퍼드, 셔틀랜드 쉽독, 닥스훈트 등이 있다.

임상증상

- 초기에는 무증상
- 음낭에 고환이 없거나 한 개만 존재
- 노령이 되어 종양으로 진행시 잠복고환이 큰 덩어리로 만져질 수 있음
- 종양으로 진행시 털빠짐, 유선 비대, 기력저하, 식욕부진 등의 증상이 발생

그림 9.2.1 잠복고환

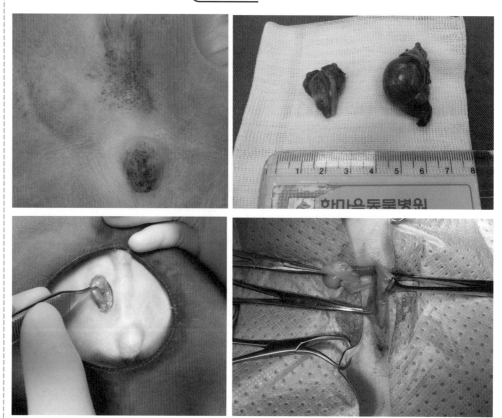

신체검사를 통해 고환이 하강하지 않아 음낭에 없는 상태를 확인한다. 수컷 교배견의 병력을 확인하여 가족력이 있는지 확인하는 것도 도움이 된다. 음낭에 없는 고환은 서혜부를 촉진하거나, 초음파검사를 실시하여 복벽에 있거나 복강 안에 존재하는 음낭을 확인할 수 있다. 정상적인 개체는 6~8개월이면 고환이 모두 하강하지만 그렇지 못한 경우는 10~12개월까지 기다려볼 수 있다. 잠복고환은 당장은 이상 증상이 나타나지 않기 때문에 그대로 두는 경우가 많지만, 추후에 언제 이상을 일으킬지 모르기 때문에 성견이 되기 전에 치료하는 것이 좋다.

잠복고환의 유일한 치료방법은 수술적인 제거이다. 유전적 질환이기 때문에 번식을 피하고, 추후에 발생가능한 고환 종양을 예방하기 위해 중성화수술이 필수적이다. 복강안에 있는 고환은 신장주변에서 서혜부까지 다양한 위치에 존재할 수 있기 때문에 수술이 복잡해질 수 있다.

잠복고환이 있는 수컷은 교배를 하지 말아야 한다.

9.2.2 전립선 비대증(Prostate Hyperplasia)

특징

전립선은 수컷 개의 방광목에 위치한 작은 장기로 정자가 이동할 수 있는 체액을 생성하고 요도가 전립선을 가로질러 지나간다. 전립선 질환 중 가장 흔한 형태로 종양과 상관없이 크기가 커지면서 문제를 일으키는 상태를 양성 전립선 비대증(benign prostate hyperplasia, BPH)이라고 한다. 중성화하지 않은 중년령에서 노령의 수컷에서 호발한다.

원인

중성화수술을 하지 않은 수컷은 고환에서 남성 호르몬인 테스토스테론(testosterone)을 분비하는데, 이 호르몬에 지속적인 자극을 받은 전립선은 정상보다 커지게 된다. 중성화하지 않은 수컷은 노령이 되면 거의 발생하는 매우 흔한 질환이다. 대부분의 경우 초기에는 거의 문제를 일으키지 않지만, 일부 개체에서 전립선이 너무 커지거나 내부에 낭포형성, 감염 등의 문제가 병발하여 배뇨나 배변에 영향을 주게 된다.

임상증상

• 혈뇨 또는 배뇨와 상관없이 생식기에 혈액이 관찰됨

- 배뇨, 배변시 통증을 느끼거나 힘을 많이 줌
- 소변 줄기, 대변의 크기가 줄어듦

진단 · 치료 · 예방

신체검사를 통해 손가락으로 직장검사를 실시하여 전립선이 비대해져 있는지 확인하거나 방사선검사, 초음파검사를 통해 크기와 내부의 형태를 확인하여 진단한다. 전립선 감염이나 종양성 변화를 감별하기 위해 소변검사가 필요하다. 경우에 따라 소변을 채취하기 위해 방광천자(cystocentesis)를 실시하거나 요도카테터(urinary catheterization) 삽입을 실시한다.

전립선 비대를 치료하는 가장 간단하고 빠른 방법은 중성화수술을 실시하는 것이다. 고환을 모두 제거하면 테스토스테론의 생산을 막아 전립선의 크기가 줄어들기 시작한다. 보통 수술 후 2개월 이내에 정상 크기로 돌아와야 한다. 만약 전립선 내에 낭포를 가지고 있거나 감염증을 동반한 경우에는 소염제나 항생제 치료를 병행해야 한다.

전립선 비대증을 예방하기 위해서는 나이가 어렸을 때 미리 중성화수술을 실시하는 것이 좋다.

9.2.3 포피염(Balanoposthitis)

특징

포피염은 음경과 음경을 둘러싸고 있는 포피에 염증이 발생한 경우를 의미하며 다양한 원인에 의해 발생한다. 원인에 따라 다양한 양상으로 나타나며, 경미한 경우 치료가 간단하다. 재발이 흔하기 때문에 주기적인 관찰이 필요하다.

음경이나 음경 주위의 외상, 비위생적인 환경으로부터의 세균 감염, 감돈포경(phimosis), 종양, 이물, 비뇨기 감염증, 비뇨기 결석증, 심리적 요인 등 다양한 원인에 의해 발생한다.

그림 9.2.3 감돈포경

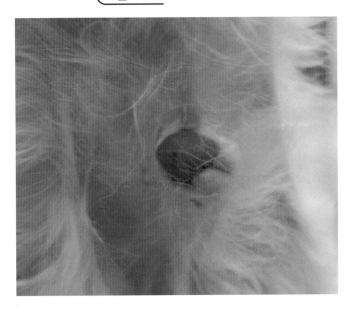

임상증상

- 음경 또는 포피 끝에서 노란색 또는 황녹색의 분비물(때로는 혈액이 관찰됨)

- 음경/포피 주변의 부종과 발적

- 음경/포피의 과도한 핥기

- 불편함

- 심각한 감염을 동반한 경우 무기력, 식욕부진, 발열

신체검사를 통해 전체 포피 내부와 음경 전체를 검사하여 종양이나 이물질의 존재 여부를 확인한다. 필요에 따라 환자가 많이 불편해하거나 고통스러워하면 진정 또는 마취를 해야 한다. 전신 질환이 의심되면, 혈액검사 및 소변검사, 영상검사를 실시한다. 분비물의 세포학적 검사 또는 배양검사를 통해 염증과 세균의 유무를 확인하고 적절한 항생제를 선택할 수 있다.

발견된 원인에 대한 치료를 실시하고 경미한 포피염의 경우, 포피 내부를 깨끗하게 세척하고 엘리자베스 칼라와 같은 도구를 이용하여 핥지 못하게 하여 스스로 외상을 만들지 못하게 한다. 심각한 경우에는 포피 내부를 매일 세척하고 항생제 사용도 고려한다. 필요에 따라 항생제 연고를 주입할 수 있다. 중성화수술을 실시하지 않은 개체는 중성화수술을 실시한다.

예방을 위해서는 포피 주변의 털을 짧게 유지하고, 주변 환경을 청결히 하며 스스로 생색기를 핥지 못하게 한다. 중성화수술을 실시하면 예방하는 데 도움이 된다. 예방을 위해 평소에 멸균 식염수나 소독약으로 세척할 필요는 없다.

10. 혈액 면역 질환
Hematologic and Immunologic Diseases

10.1 비재생성빈혈(Non-regenerative Anemia)

특징

빈혈은 동물의 체내에서 순환하는 적혈구(RBC)나 헤모글로빈(Hb) 또는 모두 감소된 상태를 의미하며 특정 질병이라기보다는 특정 질병의 과정이나 결과에 해당된다. 이는 적혈구 또는 헤모글로빈의 생산 부족, 적혈구 손실 또는 적혈구 파괴로 인해 발생하고, 빈혈에는 재생성(regenerative) 및 비재생성(non-regenerative) 두 가지 유형으로 나누어 볼 수 있다. 재생성 빈혈의 경우, 골수에서 적혈구 생산을 증가시키고 미성숙한 망상 적혈구(reticulocyte, 핵이 없는 미성숙 적혈구)를 방출하여 순환 혈액에서 다수가 관찰된다. 이는 부족한 적혈구를 보완하기 위해 신체가 성숙되기 전의 적혈구를 방출함으로써 빈혈에 적절하게 반응하고 있음을 의미한다. 재생성 빈혈은 출혈이나 용혈(적혈구의 파열 또는 파괴)로 인해 발생할 수 있다. 비재생성 빈혈의 원인은 일반적으로 에리스로포이에틴(erythropoietin, 신장에서 분비되는 호르몬으로 조직의 낮은 산소량에 대한 반응으로 적혈구 생산에 영향을 미침)의 부족 또는 골수(bone marrow)의 이상에 의해 나타난다. 이 경우 골수는 망상적혈구를 방출하지 못하여 거의 관찰되지 않고, 적혈구 수치 감소에 효과적으로 반응하지 못한다.

대부분 천천히 진행되며, 다양한 잠재적인 원인이 있다. 흔한 임상 증상으로는 무기력, 황달, 식욕부진, 창백한 점막 및 비정상적인 맥박이 있다.

원인

- 만성 질환 또는 염증에 의한 빈혈: 비재생 빈혈의 가장 흔한 원인이며 일반적으로 철분 결핍과 유사
- 절대적인 철분 결핍: 개의 철분 결핍의 원인은 일반적으로 위장병, 십이지장충, 신생물 및 궤양에 의한 만성 출혈로 인해 발생
- 만성 신부전: 만성 신부전의 경우 에리스로포이에틴의 생산이 감소
- 신생물: 비재생성 빈혈은 암의 합병증이 될 수 있지만 모든 암에 해당되는 것은 아님. 암과 관련된 빈혈은 신생물로 인한 출혈 또는 용혈 때문에 나타남
- 내분비 질환: 갑상선기능저하증, 당뇨병 및 부신피질기능저하증과 같은 내분비 질환
- 간 질환: 간 질환으로 인한 비재생성 빈혈은 만성 간 질환에 가장 자주 발생
- 적혈구 조혈 세포의 감염: 일부 바이러스는 적혈구 조혈 세포에 감염을 일으켜 비재생성 빈혈을 유발
- 골수에 대한 질병 또는 독성 손상: 골수에 영향을 주는 약물이나 질병은 골수가 적혈구를 생성하는 능력을 억제하기 때문에 비재생성 빈혈을 유발

임상증상

증상은 빈혈의 정도, 기간 및 원인에 따라 다양하게 나타날 수 있다.

- 빈맥, 비정상적인 맥박, 심장 잡음

- 창백한 점막

- 저혈압, 무기력, 식욕부진

- 비장 비대

- 복부 팽만

- 황달, 발열

- 쇼크, 죽음

그림 10.1 면역매개성 빈혈을 가진 환자의 창백한 구강점막

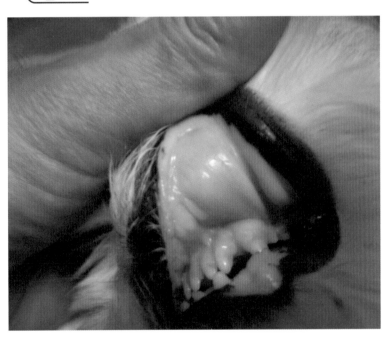

진단 · 치료 · 예방

진단을 위해서 철저한 병력을 확인하는 것이 중요하다. 증상, 특정 독소(예: 쥐약, 중금속 또는 독성 식물)에 대한 노출, 현재 또는 과거 약물 치료 이력, 예방 접종, 여행 이력 또는 이전 질병을 확인한다. 또한 다음과 같은 진단 검

사를 실시할 수 있다.

- 신체검사

- 전혈구검사, 혈액도말검사, 혈액 유래 미생물 유전자 검사(PCR)

- 혈청화학검사

- 소변검사

- 골수검사

적혈구 분석은 크기와 헤모글로빈 농도에 초점을 맞춘다. 재생성 빈혈을 시사하는 대적혈구혈증(macrocytosis, 평균 적혈구 부피 증가), 철분 결핍으로 인한 빈혈을 나타내는 소적혈구증(microcytosis, 평균 적혈구 부피 감소)과 혈색소감소증(hypochromasia), 하인즈 바디(Heinz body) 형성에 의해 나타나는 산화적 손상 등을 평가한다.

치료는 비재생성 빈혈의 정도뿐만 아니라 암, 간 질환 및 신부전을 포함하여 빈혈을 유발하거나 영향을 미치는 근본적인 원인과 상태에 따라 다르다. 대증 치료를 위해 수액 요법과 수혈이 필요하다. 근본 원인의 치료를 고려해야 하며 빈혈이 발생하기 전에 해결할 수도 있다. 회복을 위해서는 주기적인 수혈이 필요할 가능성이 높지만 이는 비재생성 빈혈의 원인에 따라 다르다. 예후는 원인에 따라 다양하다.

- 수액 요법

- 심한 경우 수혈

- 약물이 골수에 독성이 있는 경우, 빈혈을 유발할 수 있는 약물이나 자극 물질의 제거

- 간 질환, 만성 신부전 및 내분비 질환을 포함하여 빈혈의 근본 원인 치료

- 유전 질환에는 대게 근본적인 치료법이 없음

10.2 면역매개성 용혈성 빈혈(Immune-Mediated Hemolytic Anemia)

특징

면역매개성 용혈성 빈혈(Immune-mediated hemolytic anemia, IMHA)은 개와 고양이에서 흔히 발생하는 빈혈의 원인 중 하나로 모든 연령의 동물에게 발생할 수 있지만, 중년령에서 호발하는 경향이 있다. 일종의 자가면역성 질환으로 자기 자신의 적혈구를 공격하고 파괴하여 용혈시키고, 빈혈에 이르게 한다. 면역매개성 용혈성 빈혈이 있는 개에서는 적혈구가 여전히 골수에서 생산되어 순환계로 나오지만, 비정상적인 면역반응으로 인해 적혈구의 수명이 비정상적으로 짧아진다. 개에서는 원발성이 더 흔하고, 고양이에서는 속발성이 더 흔하다.

원인

원발성(또는 일차성) IMHA의 경우, 알려진 유발 요인이 없고, 전체 IMHA의 약 ¾ 정도로 추정하고 있으며, 개의 면역체계가 제대로 작동하지 않아 자신의 적혈구를 표적으로 하는 항체를 생산한다. 속발성 IMHA의 경우, 유발 요인이 존재하여 적혈구 표면이 원발 질환이나 독소에 의해 변형이 유발되고, 개의 면역체계는 변형된 적혈구를 파괴해야하는 외부 항원으로 인식한다. 이후 순환하는 염증세포들에 의해 제거되어 빈혈이 발생한다. 속발성 IMHA를 유발할 수 있는 다양한 원인들은 다음과 같다.

- 바베시아 와 같은 혈액 기생충
- 예방접종, 약물 반응
- *에를리키아* 또는 *렙토스피라* 감염
- 뱀 교상

- 화학 물질, 독소 또는 벌침에 도출

- 신체에 스트레스를 주는 사건

- 종양

일단 적혈구들이 표적화되면, 혈관 내 용혈이라는 과정을 통해 혈관 내에서 파괴되거나, 혈관 외 용혈이라는 과정을 통해 간이나 비장을 순환할 때 파괴된다. 두 가지 경우 모두 헤모글로빈이 유출되고, 간은 과도한 헤모글로빈을 처리하게되며 부담을 갖게 된다.

임상증상

IMHA를 앓고 있는 대부분의 개는 심각한 빈혈 상태에 있으며, 잇몸은 매우 창백하다. 빈혈이 있는 개는 무기력하고 쉽게 피곤해하는데, 이는 조직에 산소를 운반할 적혈구가 충분하지 않기 때문이다. 개는 뇌의 낮은 산소 수치로 인해 기절하거나 방향 감각을 잃은 것처럼 보일 수 있다. 조직의 산소 부족을 보상하기 위해 심박수와 호흡수가 증가한다.

그림 10.2 면역매개성 용혈성 빈혈 환자의 공막(좌), 혈액(우)

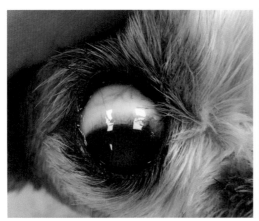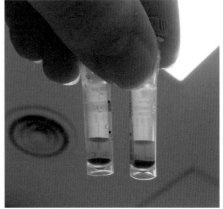

질병이 진행됨에 따라 적혈구 용혈의 분해산물인 빌리루빈이 과도하게 체내에 축적되며, 이 과잉 빌리루빈 중 일부는 소변으로 흘러나와 소변이 갈

색으로 보이기도 한다. 과도한 빌리루빈 수치는 피부, 잇몸, 기타 점막이 노랗게 보이는 황달 증상을 일으킨다. 개는 구토하거나 식욕 부진이 나타날수 있다. 혈관 내 용혈이 발생한 경우는 헤모글로빈이 과도하게 말초혈액을 순환하다가 소변으로 배출되어 혈색소뇨를 보이고, 이 때문에 신장에 손상을 줄 수 있다.

진단·치료·예방

빈혈은 전혈구검사(CBC)를 통해 적혈구수, PCV(또는 HCT), Hb농도를 통해 진단하고, 혈액세포를 현미경으로 검사하여 크기와 모양, 적혈구 내부의 이상한 점을 확인한다.

IMHA를 진단하기 위해서는 빈혈과 함께 비정상적인 적혈구의 모습(구상적혈구, spherocyte)이 관찰되고 자가응집(autoagglutination) 반응을 보여야 한다. IMHA가 의심되는 경우, 원발성인지 속발성인지 확인하기 위해 추가 정밀검사(혈청검사, 영상검사, 소변검사)가 필요하다. 빈혈의 재생성 여부를 확인하는 망상적혈구(reticulocyte) 검사와 Coombs' test와 같은 항체 검사, 특정 질병(바베시아, 에를리히증, 렙토스피라 등)을 확인하기 위한 PCR 유전자 검사도 실시한다.

빈혈이 너무 심해 생명을 위협할 정도라면 응급 수혈이 필요하다. 수혈을 하기 전 수혈교차반응검사와 혈액형검사를 위해 혈액 샘플을 채취한다. 수혈의 목적은 빈혈의 근본 원인을 파악하여 다른 치료를 시작하기 전 동물을 안정시키는 것이다.

IMHA가 속발성인 경우, 치료는 근본 원인을 대상으로 한다. 만약 근본 원인을 찾을 수 없거나 질병이 원발성 또는 특발성 IMHA로 판단되면 면역억제요법을 사용한다. 일부 특발성 IMHA의 경우, 면역억제 용량의 프레드니솔론(prednisolone) 치료에 빠르게 반응한다. 환자에 따라 아자티오프린(azathioprine)이나 사이클로스포린(cyclosporine)과 같은 면역억제제를 병행하여 사용할 수 있다. 폐혈전색전증은 IMHA에서 흔히 발생하는 합병증이므로 클로피도그렐(clopidogrel) 또는 아스피린(aspirin)과 같은 약물 치료를 병행할 수 있다. 환자의 상태가 호전되고 빈혈이 해결되거나 안정되면, 수의사는 치료와 관련된 부작용을 줄이기 위해 몇 달에 걸쳐 서서히 면역억제제 복용을 줄이게 된다. 재발이 흔하므로 약물을 줄이거나 중단할 때 면밀히 모니터링해야 한다.

예후는 진단 당시 개의 일반적인 상태뿐만 아니라 특정 원인에 따라 다양하다. 많은 경우 적절한 약물치료를 통해 환자의 상태를 관리할 수 있다.

10.3 면역매개성 혈소판감소증(Immune-mediated Thrombocytopenia)

특징

면역매개성 혈소판감소증(Immune-mediated thrombocytopenia, IMT)은 면역계의 오작동으로 자신의 혈소판을 외부 물질로 인식하여 공격하고 파괴하는 질병으로, 비정상적으로 생성된 항체가 혈소판과 결합하여 혈소판 고유의 기능을 못하게 하고, 비장(spleen)에서 대식세포에 의해 제거 된다. 결국 혈소판 수가 감소하고 잠재적으로 출혈이 발생할 수 있다. 골수(bone marrow)에서는 혈소판 생산을 증가시켜 부족한 순환 혈소판 수를 보충하려고 하지만, 대개의 경우 면역반응도 심해져 혈소판 수가 증가하지 않는다. 푸들, 코커스패니얼, 골든 리트리버, 올드잉글리쉬 쉽독 등에 종소인이 있다.

원인

정확한 원인은 밝혀져 있지 않지만, 비정상적인 면역반응에 의해 발생한다고 알려져 있다. 특발성(idiopathic)인 경우가 많으며, 속발성(secondary) 원인으로 에를리키아증(ehrlichiosis), 바베시아증(babesiosis), 로키산홍반열(Rocky

Mountain spotted fever)과 같은 감염, 혈액성 종양, 특정 약물 등에 노출되어 촉발될 수 있다.

임상증상

무기력함, 쇠약, 식욕부진, 미약한 발열, 멍듬(bruising), 피하에 점상출혈(petechiae), 비출혈(epistaxis), 혈뇨(hematuria), 비장비대 증상이 나타날 수 있다.

그림 10.3 면역매개성 혈소판감소증 환자의 구강점막(좌)과 등쪽피부(우), 서혜부(하)의 출혈

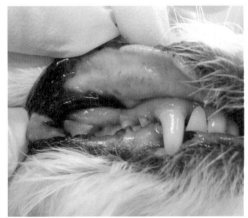
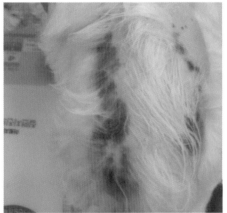
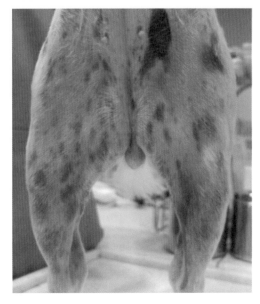

전혈구검사(CBC) 시 혈소판 수가 30,000~50,000/ul 이하로 측정된다. 혈액 도말검사를 통해 혈소판수가 자동혈구계산기의 수치와 일치하는지 확인할 필요가 있는데, 심한 경우에는 거의 관찰되지 않는다.

약물치료로 면역억제제(prednisolone, dexamethasone)를 일차적으로 사용하고, 필요에 따라 추가 면역억제제(azathioprine, cyclophosphamide, mycophenolate)와 함께 처방하기도 한다. 빈크리스틴(vincristine)은 먹역억제, 혈소판 생산 촉진 효과 때문에 함께 사용하기도 한다. 증상의 심각한 정도에 따라 혈소판 풍부 혈장(platelet-rich plasma)이나 감마글로불린(Gamma globulin)을 투여하기도 하며, 비장 절제술(splenectomy)을 실시하기도 한다.

미리 예방하기는 어렵지만, 적절한 치료를 받은 경우 회복율이 좋은 편이다. 발병이 되어 혈소판이 부족하거나 기능이 저하된 경우, 출혈 시 지혈 장애가 발생하기 때문에 외상이 발생하지 않도록 주의가 필요하다. 증상이 심각한 경우나 수혈이 필요한 경우, 합병증이 동반된 경우에는 예후가 안 좋을 수 있다. 재발율은 대략 30% 수준으로 장기간 치료가 필요한 경우도 있다.

10.4 면역매개성 다발성관절염(Immune-mediated Polyarthritis)

특징

면역매개성 다발성관절염(Immune-mediated polyarthritis, IMPA)은 임상증상이 매우 다양하게 나타나는 편이라 찾아내거나 진단하기가 쉽지 않은 질병이다. 그중 가장 두드러진 증상은 걷기를 힘들어하고 매우 조심스럽게 걷는 것이다. 경우에 따라 평소와 다른 보행을 보일 수 있고, 절을 수도 있다. 하나 이상의 관절이 붓고, 통증을 호소할 수 있으며 때로는 열감이 있는 경우도 흔하다. 경우에 따라서 관절 통증이나 붓기 없이 발열, 기력저하, 식욕부진 등과 같은 비특이적인 증상만 보이는 경우도 관찰되고, 단순히 조심스럽고 뻣뻣하게 걷는 행동만 보이는 경우도 있다. 이러한 증상은 면역계의 알 수 없는 원인에 의해 관절내부에 면역 복합체와 호중구가 집중되어 연속적인 염증반응과 통증을 유발하기 때문이다. 다양한 품종과 연령대에서 나타날 수 있다.

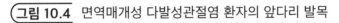

그림 10.4 면역매개성 다발성관절염 환자의 앞다리 발목

원인

IMPA는 대부분 원인이 밝혀져 있지 않은 경우가 많으며 이를 특발성 또는 일차성 원인이라고 한다. 그 외에 속발성 또는 이차성 원인으로는 비관절성 감염이나, 종양 등과 같은 것이 있다.

임상증상

• 관절의 종창, 발적, 통증
• 움직이려고 하지 않음

- 보행시 통증, 걸음걸이 이상

- 발열, 식욕부진, 기력저하

진단 · 치료 · 예방

진단을 위해서는 관절천자(arthrocentesis)를 통해 관절액을 뽑아 관절액검사를 실시한다. 관절천자 시 환자에 따라 진정 또는 마취가 필요하다. 관절액 검사를 통해 호중구성 염증인지, 세균성 염증인지 확인하는 과정이 필요하고 세균배양검사도 필수적이다. 내재되어 있는 다른 질병과 감별하기 위해 철저한 병력 청취 및 신체검사, 영상검사(방사선, 초음파), 전혈구검사, 혈청화학검사 및 소변검사가 필요하다. 감염성 질환을 확인하기 위해 유전자분석검사(PCR)가 필요할 수 있다.

치료를 위해서 환자의 면역계를 억제하는 프레드니솔론과 같은 스테로이드 계열이나 다른 면역억제 약물(leflunomide, cyclosponine)을 투여한다. 환자의 상태에 따라 스테로이드 단독 혹은 다른 약물과 병행하여 사용하고, 증상이 사라질 때까지 최소 2주간 투여한다. 질병의 개선 후에 스테로이드는 갑작스럽게 중단하여서는 안되고, 질병의 호전 상태에 따라 점진적으로 천천히 감량하여야 한다. 일부 환자의 경우, 평생 투약이 필요한 경우도 있다. 스테로이드 장기투여에 따른 부작용(식욕증가, 음수량/배뇨량 증가, 간수치 증가 등)을 인지하고 이에 대한 설명과 관리가 필요하다. 경우에 따라 진통, 소염제를 병행하여 사용하기도 하지만 치료반응을 판단하기 어려울 수 있기 때문에 주의해야 한다.

대부분의 경우 좋은 예후를 보이지만, 재발이 비교적 흔하기 때문에 면역억제 약물을 너무 급하게 중단하지 않는 것이 좋다. 재발한 경우, 평생 약 투여가 필요할 수 있다.

특발성인 경우가 많아 미리 예방하기는 어렵지만, 조기에 발견하면 염증으로 인한 비가역적인 관절 손상을 줄일 수 있다.

11. 피부 질환

Diseases of the Integumentary System

11.1 음식 알레르기(Food Allergy)

특징

음식 알레르기는 개와 고양이에게 영향을 미치는 가장 흔한 알레르기 또는 과민반응 중 하나로 위장장애나 피부염 증상을 보이는데, 여기에서는 피부에 관한 내용만 다룬다. 면역체계가 과민반응하여 보통 내성이 있는 물질(주로 음식 중의 단백질)에 대해 항체를 생성하고 이로 인해 피부염 증상이 나타난다. 따라서 특정 성분이나 형태, 브랜드의 식품에 장기간 노출된 후에 발생한다. 면역체계의 기능 이상과 관련있기 때문에 아토피성 피부염 및 기타 다른 피부질환과 함께 나타나는 경우가 많다. 아토피성 피부염과 달리 발병은 어린 연령뿐만 아니라 노령의 동물에서도 종종 관찰된다.

원인

음식에 존재하는 단백질 분자(15~40 kDa)가 피부나 장에서 면역반응을 유발하여 발생한다.

- 국소 또는 전신 소양감, 소양감으로 인한 탈모, 찰과상, 농피증
- 병변은 귓바퀴, 발, 배, 항문 주위, 생식기 주위에 잘 나타남

그림 11.1 음식알레르기: 안면 부종과 피부 발적

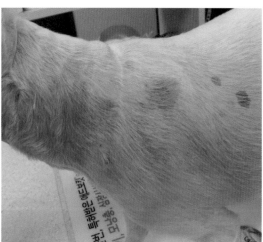

진단 · 치료 · 예방

- 음식 알레르기를 확인할 수 있는 특정 혈청 IgE 측정, 피내반응검사(intrader-mal skin test) 등의 검사방법이 제안되었지만, 현재까지 음식 알레르기를 진단하는 가장 신뢰할 수 있는 방법은 식이제거시험(diet elimination trial)이다. 이때 지금까지 접해본 적이 없는 새로운 단백질원이 들어있는 음식 또는 사료를 이용하거나 가수분해 처리된 사료를 이용한다. 가수분해된 사료는 이를 구성하고 있는 단백질이 기존의 사료보다 더 작은 조각으로 분해되어 있어 (일반적으로 1~5 kDa 미만) 면역반응을 유발하지 않는다. 이러한 식단만 6~12주 동안 다른 음식 없이 공급하고 피부 상태를 관찰하여 진단한다.
- 식이 알레르기성 피부염은 아토피성 피부염, 세균 또는 기생충성 피부염과 증상이 유사하고 또한 병발할 수 있기 때문에 이를 확인하기 위한 일

반적인 피부검사도 실시한다.

- 식이 알레르기 피부염 치료제는 없으며 유일한 방법은 식단의 원인 물질을 회피하는 것이다. 식이 알레르기 피부염 증상은 일반적으로 사용하는 약물에도 잘 반응하지 않기 때문에 식단 관리가 중요하다. 일단 알레르기 피부염을 일으키는 단백질원을 찾으면, 해당 물질이 포함되지 않은 사료나 지금까지 먹어본 적이 없는 단백질 물질이 포함된 사료를 선택하여 급여한다. 가정식으로 급여하거나 상업용 처방식을 이용하는데, 이러한 식이 관리는 평생 필요하다.

11.2 | 아토피성 피부염(Atopic Dermatitis)

특징

아토피성 피부염은 전체 개의 약 10~15% 정도에서 확인되는 흔한 피부 질환으로 매우 가려워하는 것이 특징이다. 이는 알러젠(allergen)이라고 하는 환경에 널리 존재하는 다양한 물질과 반응하여 나타나기 때문에 평생 지속되는 상태여서 완치 시킬수 있는 치료법은 없지만, 삶의 질을 개선시킬 수 있는 여러가지 효과적인 방법이 있다. 증상은 보통 6개월에서 3년 사이에 나타나기 시작하고, 래브라도 리트리버, 골든리트리버, 불독, 보스턴 테리어, 샤페이, 시츄 등 다양한 품종에서 관찰된다.

원인

특정 품종과 혈통에서 자주 관찰되기 때문에 유전적 소인이 원인일 것이라 생각하고 있다. 유전적인 표피(epidermis)층 문제로 인해 알러젠(allergen)이 피부와 접촉하면, 면역반응의 문제로 과도한 염증반응을 일으키고 가려워하는 증상으로 나타난다. 대표적인 알러젠에는 집먼지 진드기, 꽃가루, 곰팡이 포자 등이 있다.

그림 11.2-1 아토피성피부염 : 가려움으로 인한 탈모와 피부 손상

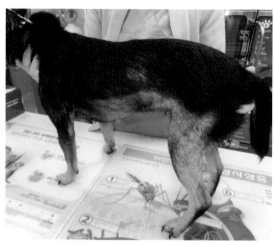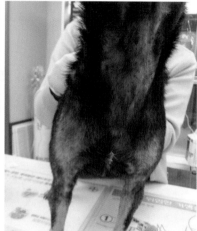

아토피성 피부염의 원인은 아니지만 서로 연관이 있어 아토피성 피부염을 더 악화시킬 수 있는 다른 질환들도 있다. 대표적 질환으로는 귀나 피부 감염증, 알러지성 결막염, 알러지성 비염, 벼룩 알러지성 피부염, 식이 알러지성 피부염 등이 있다.

임상증상

- 심한 소양감(계절성 또는 비계절성)
- 뒷발로 긁기, 발을 핥거나 씹기, 얼굴이나 엉덩이 비비기
- 탈모, 발적, 색소침착, 피부 두께 증가, 태선화(lichenification), 이차 감염

진단 · 치료 · 예방

- 아토피성 피부염을 진단할 수 있는 특수한 검사법이 없기 때문에 몇 가지

기준에 의거하여 잠정진단하게 된다. 기준은 다음과 같다.

▸ 전형적인 소양감 증상

▸ 신체검사 및 피부검사로 다른 유사 피부 질환(벼룩 및 개옴진드기)의 배제

▸ 아토피성 피부염을 치료에 대한 반응

▸ 피부와 귀의 세균성 또는 곰팡이성 감염의 존재

- 아토피성 피부염을 치료하는 방법은 각 개체의 상황과 알러지를 유발하는 원인 물질, 계절 등에 따라 달라질 수 있다. 또한 성공률을 높이기 위해 여러가지 방법을 함께 사용하기도 한다. 우선 2차 감염이 존재한다면 이를 확인하고 적절하게 치료한다. 벼룩이나 음식 알러지가 함께 있는 경우도 많으므로 이를 치료하거나 조절해본다. 국소적으로는 피부세정, 수분공급, 약용샴푸, 연고제 등을 사용할 수 있다. 경구용 약물로는 염증을 줄이는 코르티코스테로이드, 소양감을 조절하는 사이클로스포린, 오클라시티닙이 있으며, 보조적으로 필수지방산을 보충할 수 있다. 단클론 항체인 싸이토포인트(Cytopoint®)라는 주사 약물로 소양감을 조절할 수 있다.

- 피내 반응검사(intradermal skin test)나 혈액 중 특이 IgE 항체를 검출함으로써 반려견에게 알러지 반응을 유발하는 원인 물질을 확인할 수 있다. 이를 통해 원인 물질을 회피하여 증상의 완화를 기대할 수 있지만 현실적으로 어려운 경우가 많다. 이러한 테스트 결과를 바탕으로 알러젠 물질을 직접 피하 또는 혀 아래 투여하는 알러젠 특이 면역요법(allergen-specific immunotherapy)을 실시할 수 있다.

- 아토피성 피부염은 유전적 요인이 작용하므로 예방하기는 어렵다. 보호자는 환경개선, 국소요법 및 약물 요법 등을 적절하게 이용하여 반려견을 관리한다면, 반려견의 삶의 질을 향상시키는데 시간과 노력을 줄일 수 있을 것이다.

그림 11.2-2 아토피성피부염 : 물어뜯기로 인한 탈모(좌)와 치료 후(우) 사진

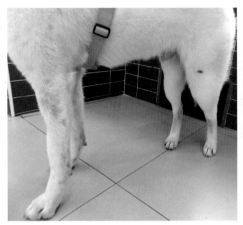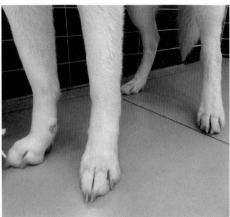

11.3 기생충성 피부염(Parasitic Skin Disease)

특징

다양한 피부 기생충은 숙주인 개의 혈액 또는 상피 피부 세포를 섭취하며 생존한다. 이로 인해 다양한 증상이 나타나고 단순한 소양감만 유발하는 경우도 있지만, 전신 건강문제로 연결되어 생명에 지장을 줄 수도 있다. 때로는 보균자가 되어 다른 개들과 사람들에게 질병을 전파시킬 수 있다.

원인

대표적인 피부 기생충으로는 벼룩(flea), 진드기(tick), 진드기 또는 응애(mite)가 있으며, 개를 숙주로 하는 몇가지 종류가 있다.

벼룩(flea)은 거의 모든 곳에서 발견할 수 있으나 반려견과 보호자의 거주환경 차이로 인해 국내보다는 해외에서 더 흔하다. 벼룩은 흡혈하는 기생충으

로 벼룩 알러지 피부염(flea allergic dermatitis)을 일으키는 원인이기도 하다. 벼룩의 타액에는 개가 알러지 반응을 일으킬 수 있는 단백질 성분이 포함되어 있고, 이것이 심한 소양감을 유발하여 피부에 상처가 날 정도로 긁게 만든다. 이러한 피부 손상은 핫 스팟(hot spot)이라고 하는 피부질환을 유발시킬 수 있다. 벼룩은 흡혈하여 살기 때문에 벼룩 감염이 심하면 어린 강아지나 노령견에게 빈혈을 유발시킬 수 있으며, 벼룩은 촌충(tapeworm)의 중요한 매개체이기 때문에 이 과정에서 촌충을 감염시키기도 한다.

진드기(tick)는 벼룩과 마찬가지로 흡혈하는 기생충 중 하나로 진드기 타액을 통해 사람에게 전염될 수 있는 라임병(Lyme disease)이나 록키산열병(Rocky Mountain spotted fever)과 같은 인수공통전염병의 중요한 매개체이다. 산이나 들과 같이 풀이 우거진 지역에서 돌아다니거나 놀 때 진드기가 개에게 옮겨지기 때문에 야외 외출 후, 동물의 몸에 진드기가 붙어있는지 확인할 필요가 있다. 진드기는 보통 목, 귀, 발가락 사이, 다리와 몸통 사이에서 자주 발견되지만 몸 어디에서도 찾을 수 있다. 진드기 감염이 심하면 피부염과 빈혈, 마비 증상 등을 일으킬 수 있다. 발견하는 즉시 제거하여 전파 가능한 질병을 차단해야 한다.

귀진드기(ear mite)는 귀에 사는 작은 응애로 감염된 개체들과의 접촉에 의해 옮겨진다. 귀가 매우 가렵기 때문에 머리를 과도하게 흔들고 귀를 긁고 악취와 함께 갈색이나 검은색 귀지를 확인할 수 있다. 증상이 심하면 외상성 피부염이 귀 안팎에 발생하고 이개혈종이 나타날 수 있다. 분비물을 현미경으로 확인하거나 검이경을 통해 귀진드기를 육안으로 확인할 수 있다.

개옴(scabies)이라고 하는 옴진드기 감염증(그림 11.3-1)은 개옴진드기(Sarcoptes scabie)에 의해 발생하며, 매우 전염성이 강하고, 감염된 동물과의 접촉이나 오염된 침구류, 미용도구를 통해 다른 개에게 쉽게 전염될 수 있다. 이 진드기는 피부 표면에 존재하는 것이 아니라 피부를 파고들어 피부 안쪽에서 생활하기때문에 감염되면 매우 심한 소양감을 유발한다. 피부를 과도하게 긁고 상처

그림 11.3-1 개옴 감염증과 개옴진드기의 현미경 사진

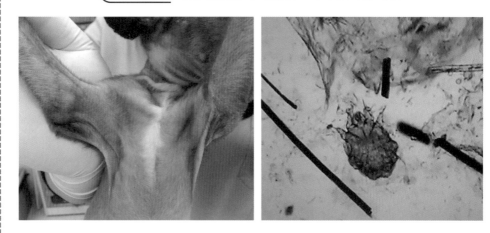

그림 11.3-2 모낭충 감염증과 모낭충의 현미경 사진

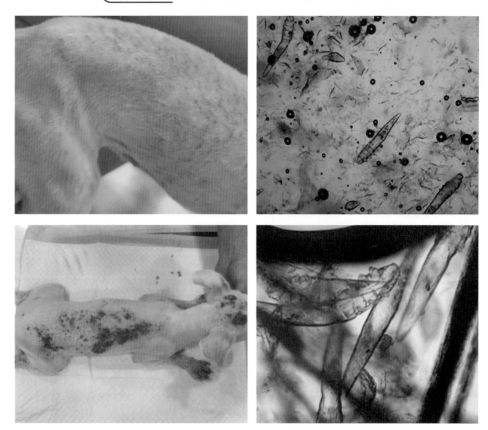

가 발생하여 이는 2차 감염으로 이어진다. 적절하게 치료받지 않으면 발진, 궤양, 탈모 등 피부병이 전신으로 확산된다. 병변은 일반적으로 얼굴, 귀, 팔꿈치 등에서 발견된다. 감염된 부위의 피부를 긁어(피부찰과표본검사) 현미경으로 확인하여 진단한다.

개모낭충증(canine demodicosis)은 모낭충(*Demodex canis*)에 의해 발생하며(그림 11.3-2) 주로 6개월 미만의 강아지에게 나타나는 경향이 있으나 성견의 경우에도 기저질환이나 면역력의 문제로 인해 발생할 수 있다. 개옴진드기와는 다르게 개모낭충증은 전염성은 아니다. 병변은 국소적으로 발생하거나 전신에 나타날 수 있다. 국소적으로 나타나는 경우는 눈이나 입 주위, 다리와 몸통에 나타날 수 있고 탈모, 발적, 피부염, 태선화, 색소침착 등의 증상을 보인다. 국소 모낭충증의 경우 치료가 쉽고 예후가 좋은 반면, 전신 모낭충증은 치료기간이 길고 재발이 잘 되기 때문에 꾸준한 관리가 필요하다.

임상증상

- 극심한 가려움증
- 피부 발적, 발진
- 각질, 출혈, 삼출물, 태선화
- 탈모, 과도한 핥기, 긁기, 상처에 의한 2차 감염

진단 · 치료 · 예방

- 일반적으로 피부에서 샘플을 채취(피부찰과표본검사, 털검사, 테이핑검사 등)하여 현미경으로 충체나 충란을 확인한다. 전신 질환으로 이어진 경우에는 필요한 추가 검사(혈액검사, 영상검사, 소변검사 등)를 실시하고 그에 맞는 치료 또는 대증치료를 실시한다.
- 각 기생충에 효과적인 기생충약을 투여하여 치료한다.
- 각 기생충의 생활사를 알고 매개체가 있는 기생충은 매개체를 주변에서

제거하고, 직접접촉을 통해 전염되는 기생충은 여러 개체가 이용하는 다중 이용시설의 방문을 자제한다. 주변 환경을 청결히 유지하고 지역에 따라 기생충의 출몰 시점을 고려해 예방약을 투여한다.

11.4 세균성 피부염(Bacterial Skin Disease)

특징

세균성 피부염은 세균이 피부에 감염되는 질환으로 농피증(pyoderma)이라고도 하며, 어린 강아지에서는 농가진(impetigo)이라고도 한다.

원인

포도상구균(*Staphylococcus*)이 가장 흔히 발견되는 세균이지만 슈도모나스(*Pseudomonas*), 엔테로박터(*Enterobacter*), 대장균(*E. coli*) 등과 같은 공생세균들도 개체의 알러지 질환, 기생충질환, 내분비질환, 자가면역질환, 각질화 이상 등과 같은 원발 원인에 의해 감염을 유발시키기도 한다. 이러한 세균의 피부 감염은 피부 표면이 갈라지거나 습기에 만성적으로 노출되어 피부가 손상되었을 때, 정상적인 피부 세균이 변화되었을 때, 피부 면역체계가 약화되거나 피부로 가는 혈액순환에 이상이 발생했을 때 일어난다. 또한 비만이나 특정 신체 부위(얼굴, 입술, 꼬리, 겨드랑이, 서혜부, 출산한 암컷 유선)나 피부 주름이 심한 품종에서 발생하는 경우도 있다. 알러지 질환, 기생충 질환과 같이 소양감을 유발하는 피부병에서 찰과상으로 인해 이차감염이 쉽게 발생한다. 농피증에 걸리기 쉬운 품종으로는 스파니엘, 페키니즈, 퍼그, 불독, 샤페이 등이 있다.

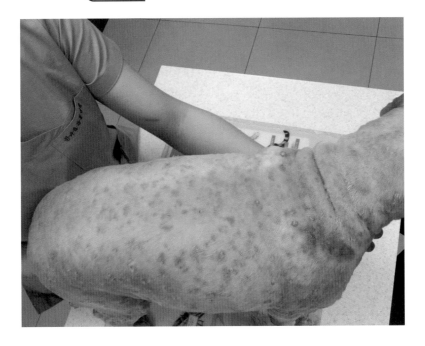

그림 11.4 농가진(impetigo) 피부병

- 피부 구진, 농포
- 원형 딱지, 건조한 피부, 탈모, 소양감
- 각질, 악취, 삼출물

진단 · 치료 · 예방

- 단순한 농피증의 경우 병력과 임상증상을 바탕으로 진단할 수 있으나 내재되어 있는 질환(내분비질환: 갑상선기능저하증, 부신피질기능항진증)이나 알러지성 피부염, 기생충 질환 등을 확인하기 위해 혈액검사, 피부세포학검사(도말검사, 피부찰과표본검사, 테이핑검사), 피부 세균 및 곰팡이 배양검사, 알러지검사, 영상학적 검사 등을 실시할 수 있다.

- 치료는 최소 2~4주간의 항생제 치료를 기본으로 한다. 재발하거나 만성으로 진행된 경우에는 적절한 항생제를 찾기 위해 세균 배양 및 항생제 감수성 테스트를 실시한다. 이러한 경우에는 투약기간이 더 길어질 수 있다. 대표적인 항생제는 아목시실린, 세팔렉신, 클린다마이신, 엔로플록사신 등이 있다. 국소요법으로 클로르헥시딘을 함유한 스프레이나 약용 샴푸를 일주일에 1~2회 사용하고 증상의 개선 여부에 따라 기간과 간격을 조절한다. 침구류는 항상 깨끗하고 건조하게 유지하며, 알러지가 근본원인인 경우에는 알러지 치료를 병행한다. 피부 주름에 의한 농피증은 외과적 수술을 통해 주름을 잘라주거나 주름 부위를 항상 건조하게 유지하는 것이 중요하다.

- 단순 농피증은 치료에 대한 예후는 좋지만 만성이거나 재발성인 경우는 기저질환을 찾아 치료해야 하고 평생관리가 필요한 경우가 많다. 피부와 주변을 항상 청결하고 건조하게 유지하는 것이 중요하고, 재발성 환자의 경우에는 약용샴푸를 사용하면 재발을 최소화할 수 있다.

11.5 피부사상균증(Dermatophytosis)

특징

피부사상균증(dermatophytosis)은 링웜(ringworm)이라고도 불리는 표재성 진균 질환으로 피부, 털, 발톱에 감염을 일으키고, 전체 개와 고양이의 약 1~4%에서 발생하는 것으로 알려졌다. 모든 연령과 품종에 감염될 수 있지만 어리거나 면역력이 약해진 경우, 스트레스를 많이 받는 동물에서 더 호발하는 것으로 알려져 있다. 사람에게도 곰팡이 감염이 전파될 수 있다.

가장 흔한 피부사상균 병원체는 *Microsporum canis*, *Microsporum gypseum*, *Trichophyton mentagrophytes*이며, 각각 70%, 20%, 10%를 차지한다. 감염된 동물이나 가구, 침구류 등 오염된 물건과 접촉을 통해 전염되지만 접촉한다고 항상 감염되는 것은 아니다. 충분한 양의 포자와 해당 피부의 수분량, 포자가 침투할 수 있는 미세한 피부 외상이 필요하다. 또한 감염 여부는 곰팡이 종, 개체의 나이 및 건강상태, 포자에 노출된 피부 표면 상태, 영양 상태 등 개체요인에 따라 달라질 수 있다.

임상증상

병변은 전신에 나타날 수 있지만 얼굴, 귀, 사지 말단에 먼저 나타나는 경우가 흔하다.

- 모낭염: 구진, 농포, 잔고리 모양 비듬(collarette), 가피, 비대칭성 탈모, 소양감
- 결절성 병변(포자가 진피에 침투한 경우)
- 발톱모양 이상 및 쉽게 부서짐

진단 · 치료 · 예방

- 곰팡이 감염을 진단하는 방법은 몇 가지 있지만 어떤 특정 한가지 검사법으로 양성 음성을 판단하기 어려운 경우가 있다. 따라서 임상증상과 검사결과를 종합하여 진단한다. 대표적인 검사법으로 우드램프(Wood lamp) 검사가 있는데, 파장이 320-400nm인 빛을 이용하며, 병변 부위로부터 2-4cm 떨어진 거리에서 비추면 감염 부위는 녹색 형광색을 띄게 된다. 하지만 모든 곰팡이 종류를 확인할 수 있는 것이 아니고 *Microsporum canis*의 일부에서만 양성 반응을 보인다. 병변부의 털이나 각질을 채취해

곰팡이 배지(DTM)에 심어 배양 여부를 확인하거나 샘플을 직적 현미경으로 확인하는 직접 검사법을 통해 진단할 수 있으며, 다른 미생물처럼 유전자검사(PCR)도 실시할 수 있다.

- 피부사상균증을 성공적으로 치료하기 위해 환경소독, 국소치료, 전신치료를 적절하게 실시하여야 한다. 피부사상균증은 사람에게도 흔히 전염되기 때문에 감염된 동물은 적절한 공간에서 격리하고 사용하는 물건을 다른 동물과 공유하지 않도록 하며 돌보는 사람은 장갑을 착용하는 것이 좋다. 일반적인 소독제나 세제로 피부사상균을 쉽게 제거할 수 있기 때문에 적절하게 사용한다. 감염된 부위로부터 포자의 배출을 줄이고 다른 부위 또는 다른 동물에게 전염을 막기 위해 국소치료를 실시한다. 병변부의 털을 필요에 따라 제거하지만 클리퍼를 통한 전신미용을 권장하지는 않는다. 추가적인 피부손상으로 감염이 전신으로 확산될 수 있다. 석회유황(lime sulfur)이나 미코나졸(miconazole), 클로르헥시딘(chlorhexidine)이 함유된 샴푸나 린스 제품을 사용하기도 하고, 병변부위 위치에 따라 항진균제가 포함된 크림 또는 연고를 사용하기도 한다. 전신 감염증의 경우, 감염된 모낭을 치료하기 위해 이트라코나졸(itraconazole)이나 테르비나핀(terbinafine)과 같은 항진균제를 경구투여하는 전신치료를 병행한다.

- 곰팡이 감염은 잘 치료되는 질병이지만 치료하기 위해서는 많은 시간과 노력이 필요하다. 병변이 사라지고 곰팡이 배양검사가 음성이 나올 때까지 꾸준한 관리가 필요하다. 경우에 따라서는 병변은 사라졌지만 계속 배양검사에서 양성이 나오는 경우도 있는데, 이는 환경소독과 피모의 적절한 소독이 이루어지지 않거나 동물이 보균자가 되어 아직 포자를 가지고 있는 경우이다. 따라서 이러한 경우에는 주변을 깨끗이 소독 및 청소하고 동물은 국소 치료를 통해 죽거나 남아 있는 피부사상균을 제거한 후 재검사를 실시한다.

그림 11.5 피부사상균증 환자의 피부 병변

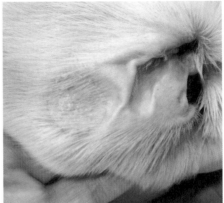

11.6 자가면역 피부질환(Autoimmune Skin Disease)

특징

면역체계는 동물의 몸에서 질병과 감염을 일으킬 수 있는 외부 침입자를 감시 및 방어하는 역할을 하는 매우 복잡한 과정을 가지고 있다. 이러한 면역체계의 이상으로 동물 자신을 공격하게되는 질환을 자가면역질환(autoimmune disease)이라고 한다. 이러한 상태에 빠지면 건강한 자가세포와 외부세포를 구별하지 못하여 정상조직을 파괴하게 되고, 이러한 현상은 피부, 결합조직, 내분비, 근육, 신경, 적혈구 및 소화기 등 다양한 부위에서 발생한다. 피부에서 발생하는 자가면역 질환은 드문 편이며 대표적 질병으로는 낙엽천포창(pemphigus foliaceus), 홍반천포창(pemphigus erythematosus), 피부홍반루푸스(cutaneous lupus erythematosus), 전신홍반루푸스(systemic lupus erythematosus) 등이 있다. 질병의 타입에 따라 호발하는 품종이 다양하지만 아키타, 래브라도 리트리버, 닥스훈트, 코카스파니엘, 저먼 셰퍼드, 콜리, 셔틀랜드 쉽독 등에 잘 발생하는 경향이 있다.

원인은 아직 명확하게 밝혀지지 않았지만 유전적 및 환경적 요인이 일부 작용할 것이라는 의견이 있다. 자외선(UV) 및 동물에게 사용되는 특정 약물 (항생제, 항기생충제 등)도 잠재적인 유발 요인으로 보고되었다.

임상증상

자가면역 피부질환의 타입에 따라 다소 상이한 증상을 보일 수 있으나 일반적으로 피부점막 연접부(눈꺼풀, 생식기, 입술), 코주변, 항문, 귀, 발바닥, 겨드랑이, 사타구니 주변에 크고 작은 수포, 궤양, 발적, 가피, 비듬, 탈모, 농포, 소양감 등의 증상이 나타난다.

그림 11.6 낙엽성천포창 병변

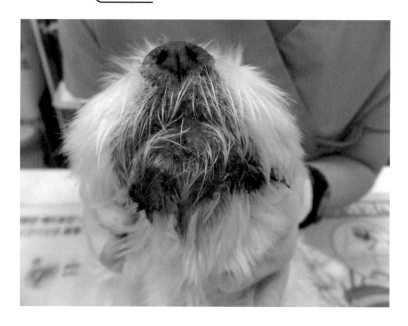

진단·치료·예방

• 자가면역질환 진단을 위해서는 이전 병력을 조사하고 특히 약물 투여 이

력과 다른 질병의 유무를 확인하기 위한 검사를 실시한다. 확진하기 위해서 피부 생검(biopsy)이 필요하다. 병변부 위치에 따라 국소 마취를 한 후, 펀치 생검 도구를 이용해 작고 둥근 피부 조직을 떼어 조직병리학검사를 한다.

- 일반적인 치료법은 면역억제이다. 약물을 통해 면역 체계의 반응을 줄이거나 약화시키는데 대표적인 약물로는 글루코코르티코이드, 아자티오프린, 사이클로스포린 등이 있다. 약물의 부작용을 고려해 적절한 용량을 투여하는 것이 중요하지만 저용량을 투여하면 효과를 기대하기 어렵다. 2차 감염이 발생한 경우에는 항생제나 항진균제의 사용을 고려한다. 샴푸 및 연고와 같은 국소요법은 증상을 더 악화시킬 수 있기 때문에 신중하게 선택해야 한다.

- 자가면역피부질환은 동반된 다른 질병의 유무와 증상의 심각도에 따라 예후가 달라진다. 수많은 검사와 장기적인 치료가 필요하며 대부분 완치는 불가능하지만 적절한 약물치료로 조절이 가능한 경우가 많다.

12. 눈 질환
Diseases of the Eye

12.1 | 안검내반(Entropion)

특징

안검내반이란 안검 가장자리의 일부 또는 전부가 안구쪽으로 뒤집혀 있는 상태를 의미한다. 안검이 말려들어가 있기 때문에 안검에 있는 눈썹이나 털이 각막을 자극하여 각막질환을 유발한다. 상안검, 하안검 모두에서 나타나지만 하안검에서 자주 관찰된다. 유전적인 경우가 많고, 불독, 세인트버나드, 차우차우, 래브라도 리트리버, 아메리칸 코카스파니엘, 샤페이 등과 같이 얼굴에 주름이 많은 품종에서 소인이 있다.

원인

유전과 관련된 선천성인 경우가 많으며, 노령이 되면서 안검의 근육에 긴장도가 감소하거나 외상 또는 눈의 만성 염증에 의해서도 발생할 수 있다.

임상증상

안검내반 정도나 지속기간에 따라 다양한 증상이 나타날 수 있다. 제3안검이 돌출하거나 안검경련을 보일 수 있고, 심하면 표재성 각막염, 각막 궤양을 동반할 수 있다. 염증이 안구내부로 진행되면 포도막염이 나타나며, 안구의 색소침착은 흔히 관찰된다.

진단 · 치료 · 예방

신체검사나 검안경 검사를 통해 안검의 이상을 확인하고, 안검내반이 나타난 정도에 맞게 수술적으로 여분의 안검 주변 조직을 절제하고 봉합한다. 합병증으로 각막손상이나 포도막염이 동반되어 있다면, 함께 치료한다. 나이가 너무 어린 선천적으로 발생한 경우는 수술할 수 있는 나이가 될 때까지 연고제제를 통해 안구를 보호해준다.

그림 12.1 안검내반

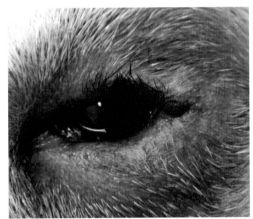
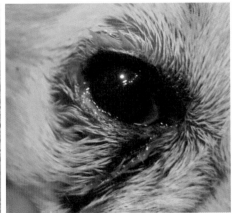
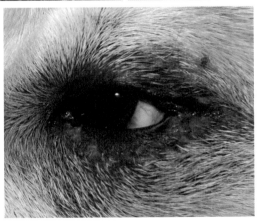

12.2 안검외반(Ectropion)

특징

안검외반은 안건내반과 반대로 눈꺼풀이 바깥쪽으로 구부러져 뒤집어지는 눈꺼풀의 이상을 말한다. 보통은 아래눈꺼풀에 발생하며 이로 인해 눈꺼풀이 쳐져 보이게 된다. 바깥쪽으로 노출된 결막조직은 건조하게 되고 결국 결막염이 발생하고 눈표면도 건조해져 각막염도 발생할 수 있다. 대부분은 양쪽 눈 모두 영향을 받으며, 호발 품종으로는 코커스파니엘, 세인트 버나드, 바셋 하운드, 버니즈 마운틴독, 마스티프, 불독, 차우차우 등이 있다.

원인

유전에 의해 선천적으로 나타나거나, 후천적으로는 안면신경마비, 갑상선 기능저하증, 외상에 의한 신경 손상, 눈 주변 조직의 만성 염증 및 감염, 안검내반 수술의 과도한 교정, 기타 신경근육질환에 의해 발생할 수 있다.

임상증상

아래쪽 눈꺼풀이 쳐지거나 바깥쪽으로 뒤집히는 것이 대표적인 증상이다. 점액성 흰색 또는 노란색 분비물이 눈꺼풀 가장자리에서 관찰되는 경우가 흔하다. 눈과 결막의 충혈도 자주 관찰된다. 동물은 눈이 불편해 스스로 발로 문지르기도 한다. 눈꺼풀을 따라 눈물이 얼굴로 흘러 눈물 속에 포함된 색소 때문에 눈 밑 털이 갈색으로 변하거나 냄새가 발생한다.

진단 · 치료 · 예방/예후

신체검사를 통해 진단하고 기타 원인을 찾기 위해 혈액검사, 신경계검사 등을 실시할 수 있다. 각막염색을 통해 각막을 평가하고 각막 궤양 존재 여부를 평가한다. 경미한 경우에는 각막과 결막이 건조해지는 것을 막기 위해 점안액과 연고를 바르는 처치를 할 수 있으나 심할 경우에는 수술로 눈꺼풀을 교정해 주어야 한다. 대부분 수술 후 예후는 좋으나 선천적 또는 후천적 원인들이 없어지지 않으면 다시 재발 할 수 있으므로 관리가 필요하다.

12.3 결막염(Conjunctivitis)

특징

결막(conjunctiva)은 동물의 눈의 공막과 눈꺼풀을 덮고 있는 점막으로 구강과 비강내부의 점막과 매우 유사하다. 이 결막 부위에 발생하는 염증을 결막염(conjunctivitis)이라고 하며 비교적 흔히 발생한다.

원인

결막염의 원인은 매우 다양하며 대표적 원인으로는 다음과 같다.
- 세균, 바이러스 감염
- 면역매개성 질환
- 안구 주변의 종양
- 건성각결막염(안구건조증)과 같은 눈물의 부족
- 안검내반, 안검외반과 같은 눈꺼풀의 이상, 이소성 섬모와 같은 속눈썹 질환에 의한 자극
- 각막궤양, 포도막염, 녹내장과 같은 안구 장애
- 알러지나 이물질, 연기, 환경 오염물에 의한 자극
- 콜리나 콜리 교배종에서 발생하는 결절성 상공막염과 같은 품종 특이 질환

- 눈의 불편함, 안검경련
- 결막이나 주위 조직의 부종 및 충혈
- 투명하거나 노란색 또는 녹색의 분비물
- 한쪽 또는 양쪽에 동시에 발생

신체검사 및 안검사를 통해 결막염의 원인이 일차성인지 이차성인지 판단하여 그에 맞는 치료를 실시한다. 기본적으로 시행하는 검사로는 눈물생성량검사, 안압측정, 형광염색이 있으며, 추가적으로 비루관 세척, 결막 분비물의 세균배양 및 항생제 감수성 검사, 결막 세포검사, 알레르기 검사 등을 수행할 수 있다.

확인된 원인에 대해 국소 안약 또는 경구 약물을 사용할 수 있다. 감염성인 경우는 항생/항균 점안액을 사용하고, 알레르기성인 경우는 가능한 알러젠을 회피함으로써 증상을 개선시킬 수 있다. 눈물부족에 의해 발생한 결막염은 눈물 생성을 자극하기 위한 약물과 안구 윤활제가 필요하다. 눈꺼풀이나 속눈썹에 문제가 있는 경우에는 수술적 교정이 필요하다. 각막궤양이나 녹내장, 포도막염 같은 안구 질환에서는 상황에 맞는 다양한 약물을 처방하게 된다.

감염성이나 이물질에 의한 결막염은 예방접종이나 기본적인 위생을 통해서 예방할 수 있으며, 선천적이거나 면역매개성, 유전적인 경우는 예측하기 어렵다. 다만, 조기에 원인을 찾아 해결하면 예후는 좋은 편이지만, 원인을 찾지 못하거나 만성화되면 합병증이 발생할 수 있으며, 평생 관리가 필요하다.

그림 12.3 결막염

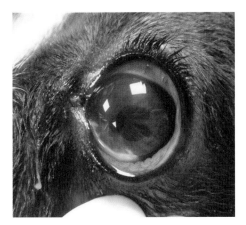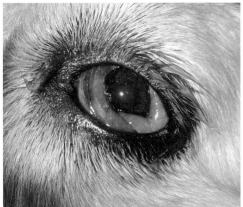

12.4 각막염(Keratitis)

특징

각막(cornea)은 눈의 투명한 가장 바깥층으로 세 개의 서로 다른 세포층으로
구성되는데, 가장 바깥층은 각막 상피(corneal epithelium), 가운데는 세층 중에
가장 두꺼운 각막 기질(corneal stroma), 가장 안쪽은 매우 얇은 각막 내피(cor-
neal endothelium)라고 한다. 각막염은 염증의 정도와 깊이, 양상에 따라 세균/
곰팡이성 각막염, 궤양성 각막염, 만성 표재성 각막염 등으로 나뉜다. 주둥
이가 짧고 눈이 튀어나온 단두종(퍼그, 시츄, 보스턴 테리어, 불독 등)에서 다른
품종보다 각막염이 더 자주 발생한다.

원인

곰팡이 및 세균의 원발 또는 속발성 감염, 외상(찰과상, 문지름, 천공 등), 유전
적 소인, 면역매개성(눈물 생산 감소 등)으로 발생하고, 눈꺼풀의 구조적 이상

으로 눈을 완전히 감을 수 없어 눈 표면이 외부 공기, 먼지 등 자극물질에 노출되는 경우에도 나타난다.

각막염에서 나타나는 증상은 다음과 같다.

- 눈 충혈, 눈 주위 분비물(회색, 노란색, 녹색)
- 과도한 눈물 분비 또는 눈물 감소
- 눈을 가늘게 뜨거나 손으로 눈을 비빔, 빛에 민감하게 반응
- 안구 표면 색의 변화(흰색, 회색, 핑크, 갈색)
- 제3안검의 충혈 및 돌출
- 각막의 색소 침착, 혈관화

과거 병력과 증상, 안검사(검안경검사, 눈물분비량검사, 형광염색검사, 안압 측정 등)를 통해 진단하며 필요에 따라 세균/곰팡이 배양 및 항생제감수성 검사를 실시할 수 있다.

세균이나 곰팡이가 원인인 경우는 국소 점안제나 경구 항생제/항진균제를 사용하고, 경미한 궤양성의 경우에는 5~7일이면 치유되지만, 궤양의 깊이에 따라 그 이상의 치료 기간이 필요할 수 있다. 각막이 치유되는 동안 각막을 보호하기 위해 수술적으로 손상 부위를 덮어주어야 하는 경우도 많다. 만성 표재성 각막염의 경우에는 스테로이드 성분의 점안액을 주사하거나 점안 처치하여 면역체계의 반응을 억제시키기도 한다.

단순한 감염이나 손상 정도가 경미한 외상의 경우에는 예후가 좋다. 염증의 정도가 심하다면 정기적인 검사를 통해 각막이 잘 치유되고 있는지 확인하여야 한다. 품종 소인이 있거나 눈꺼풀이나 눈 주변 조직 이상이 있는 경우 미리 확인하여 조치를 취하면 각막염 예방에 도움이 될 수 있다.

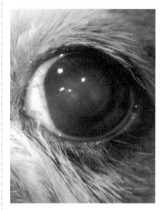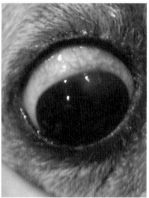

그림 12.4 각막염

12.5 각막궤양(Corneal Ulcer)

특징

각막궤양은 각막염의 일종으로 각막 손상이 각막 상피층보다 더 깊이 나타나 기질(stroma)까지 침식된 경우를 말한다. 각막궤양이 발생하면 눈물과 같은 체액이 기질에 축적되어 각막 부종이 발생하고, 투명하게 보였던 각막이 불투명해지면서 흰색 또는 회색조로 변한다. 각막 손상이 기질을 통과하여 데스메막(Descemet's membrane)까지 침투하면 데스메막류(descemetocele)가 나타난다. 이 상태는 매우 심각한 상태로 데스메막이 파열되면 안방수가 안구 밖으로 나와 눈의 형태가 무너지고 돌이킬 수 없는 손상이 발생한다.

원인

가장 흔한 원인은 외상으로 눈 주위의 소양감, 피부병 등으로 눈을 다른 물체에 비비거나 발로 문질러 발생하는 경우가 많다. 다른 동물과 싸우거나 물리적 접촉을 통해 나타나는 경우도 있으며, 샴푸같은 화학물질에 의한 화상, 먼지와 같은 다른 이물질에 의해서도 발생할 수 있다. 눈물 생성이 감소하는 건성각결막염, 세균이나 곰팡이, 바이러스 감염에 의해서도 발생하고, 단두종에서는 보다 많이 발생한다. 당뇨병, 쿠싱병, 갑상선기능저하증과 같은 내분비 질환에서도 나타날 수 있다.

임상증상

- 통증, 눈을 비비거나 문지름
- 과도한 눈물 또는 건조
- 분비물(회색, 노란색, 녹색)
- 각막 혼탁, 각막 혈관화, 결막 충혈

그림 12.5 각막궤양, 형광염색 전(좌), 형광염색 후(우)

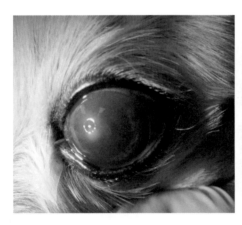
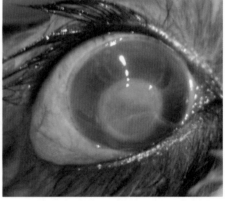

진단 · 치료 · 예방

임상증상과 기본적인 안검사를 통해 진단하지만 가장 중요한 검사는 형광염색(fluorescein stain)이다. 일반적으로 육안으로 잘 보이지 않는 손상된 각막층에 이 염색약을 한방울 떨어뜨리면 형광색으로 변하면서 손상된 궤양 부위를 염색시켜 눈으로 쉽게 관찰된다. 미세한 궤양은 특수한 조명과 장비가 필요한 경우도 있다.

손상이 미약한 각막 찰과상의 경우는 3~5일 정도의 점안제(항생제, 진통제 등)로 치유되지만 궤양이나 데스메막류가 존재하는 경우에는 눈을 보호하고 치유를 촉진하기 위해 수술적으로 눈을 봉합하거나 덮어주는 경우가 흔하다. 드물지만 잘 치유되지 않는 경우에는 수술적으로 치유가 지연되는 각막 조직층을 제거하기도 한다.

손상 깊이가 크지 않은 경우 쉽게 치유되지만, 주기적인 형광염색으로 치유를 확인하고 필요한 처치를 적절하게 하는 것이 바람직하다. 각막 손상을 예방하기 위해서 물리적/화학적인 자극을 피하고, 눈 주위 조직을 정기적으로 확인하여 불편한 점을 미리 조치해주면 좋다.

12.6 백내장(Cataract)

> 특징

안구 내에서 빛의 초점을 조절해 망막에 뚜렷한 이미지를 만들게 해주는 수정체(lens)가 불투명하고 혼탁해지는 것을 백내장(cataract)이라고 한다. 백내장은 개에게 많으며 고양이에서는 드문 질환이다. 백내장은 진행 정도에 따라 렌즈의 불투명도가 100%에 달하면 시력을 잃게 된다. 개의 경우 나이가 들면, 수정체가 경화되는 경우가 매우 흔하며 이를 노령성 핵경화(nuclear sclerosis)라고 부르는데, 백내장처럼 안구가 혼탁한 것처럼 보이지만 수정체가 완전히 불투명하게 되지 않아 빛이 망막까지 도달할 수 있기 때문에 시력을 잃지는 않는다는 점에서 백내장과는 명확한 차이가 있다.

백내장은 유전성으로 발생할 수 있으며, 아메리칸 코카스파니엘, 래브라도 리트리버, 보스턴 테리어, 비숑 프리제, 미니어쳐 슈나우져, 푸들 등에 종소인이 있는 것으로 알려져 있으나 모든 개에서 자연적으로 나타날 수 있다. 그리고 당뇨병(diabetes mellitus)도 백내장을 유발하는 대표적인 질환이며, 기타 눈에 염증을 유발할 수 있는 안구질환에 의해서도 백내장이 발생할 수 있다.

임상증상

- 초기에는 거의 무증상
- 진행이 되면 수정체가 회색이나 흰색으로 보임
- 수정체가 성숙단계의 백내장인 경우 시력 상실로 인해 벽이나 가구에 부딪히거나 음식, 물을 찾는 데 어려움을 느낀다. 뛰어난 후각능력과 적응력으로 가족이 알아차리지 못하는 경우도 있지만, 시력 상실로 인해 움직임이 감소하거나 불안해하거나 짖는 등 행동상의 변화가 관찰되기도 한다.

그림 12.6 백내장

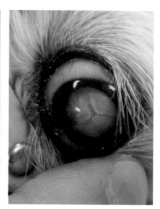

검안경이나 강한 광원, 안검사용 렌즈를 통해 안검사로 진단한다. 백내장으로 인한 포도막염이나 녹내장과 같은 다른 안구 질환도 함께 검사한다. 또한 혈액검사, 혈압 측정을 통해 당뇨병이나 고혈압 등 시력에 영향을 줄 수 있는 전신 질환도 확인한다. 백내장은 초기(incipient), 미성숙(immature), 성숙(mature), 과성숙(hypermature) 단계로 나눌 수 있으며, 초기에는 수정체의 15% 미만에 영향을 주기 때문에 시력 장애를 일으키지 않는다. 미성숙 단계는 수정체의 15% 이상에서 나타나며 렌즈의 여러 층이나 다른 영역에 영향을 준다. 검사 시 망막을 관찰할 수 있고, 시각 장애는 보통 경미하다. 성숙 단계에 이르면 보통 수정체 전체에 문제가 나타나고 망막이 관찰되지 않는다. 시각 장애는 실명 또는 거의 실명에 가깝게 된다. 과성숙 단계에서는 수정체가 수축되기 시작하고 수정체 캡슐이 주름진 것처럼 보이고, 수정체 내부의 물질들이 수정체 밖으로 새어나와 포도막염을 유발하는 경우가 많다.

일단 백내장이 수정체에 발생하면 이것을 제거할 수 있는 비수술적 방법이 없기 때문에 전신마취하에 수술적으로 불투명한 수정체를 제거하고 필요에 따라 인공렌즈를 삽입한다. 수술 후에는 눈을 문지르거나 건드려서 눈에 손상을 입히지 못하도록 넥칼라를 해주고 하루에 수차례 점안 처치를 해주어야 한다. 적절한 시기에 수술이 이루어지면 다시 시력을 회복하고 백내장의 합병증이 발생하지 않지만, 너무 늦게 수술을 하게 되면 시력 장애가 돌아오지 않거나 녹내장, 포도막염 등의 합병증이 발생하여 안구의 기능을 잃을 수 있다.

유전적 또는 자연적으로 발생하는 백내장은 예방하기 어렵지만 당뇨병의 합병증으로 발생하는 백내장은 당뇨병을 잘 치료/관리함으로써 예방이 가능하다. 정기적으로 눈을 검사하고 집에서 눈을 잘 관찰하여 초기에 눈 질환을 치료하면 백내장의 발생을 어느 정도 예방할 수 있다.

12.7 | 녹내장(Glaucoma)

특징

안구 내부는 안방수(aqueous humor)라고 하는 액체로 채워져 있다. 정상적인 눈의 크기와 모양은 이 안방수의 양에 따라 유지되고, 안방수에 의해 발생하는 전안방(anterior chamber)의 압력을 안압(intraocular pressure)이라고 한다. 녹내장은 다양한 원인에 의해 이 안압이 증가하는 안구 질환이다. 안압이 상승하면 망막과 시신경에 손상이나 퇴행성 변화가 발생하고 결국 실명으로 이어지기 때문에 증상이 보이거나 의심되는 경우라면 신속히 동물병원에 방문하여 처치를 받아야 한다.

원인

안방수는 모양체(ciliary body)에서 지속적으로 생산되고 과도한 안방수는 각막과 홍채 사이의 공간(iridocorneal angle)으로 배출되는데, 녹내장은 이러한 과정 중 안방수의 배수과정에 문제가 발생하여 나타난다. 원발성과 속발성 원인으로 나눌 수 있고, 원발성은 유전적 소인, 품종 소인에 의해 발생한다. 속발성은 눈의 질병이나 외상으로 인해 안압이 상승하는 경우로 가장 흔한 원인이다. 포도막염, 수정체의 전방탈구, 종양, 안내 출혈, 수정체 파열에 따른 수정체 단백질 누출 등이 대표적인 속발성 원인이다. 원발성 원인의 경우 양쪽 눈에 모두 문제가 나타날 가능성이 매우 높으며 평생 관리가 필요한 반면, 속발성의 경우 그 근본 원인을 성공적으로 치료하면 녹내장이 치료될 수 있으며, 반대쪽 눈은 녹내장과 관련이 없을 수 있다.

임상증상

• 통증: 안검경련이나 전신적인 우울증, 숨기, 눈 비비기 등의 증상으로 나

타날 수 있으며, 만성으로 나타나는 경우는 급성보다는 증상이 경미하게 관찰됨

- 우안(Buphthalmos): 안구의 크기가 커짐

- 상공막 충혈: 상공막 혈관의 울혈로 눈이 붉게 보임

- 각막부종, 각막의 줄무늬

- 동공의 확장, 느린 빛 반사

- 수정체의 탈구 또는 아탈구

- 망막손상으로 인한 급성 시력 상실(실명)

진단 · 치료 · 예방

안압계를 통해 안압이 상승하면 진단된다. 개 환자의 정상 안압 범위는 15~25mmHg로 양쪽 눈의 측정치가 유사해야 한다. 녹내장의 경우 그 이상으로 측정되고, 반대로 포도막염은 그 이하로 낮게 측정된다. 포도막염과 녹내장이 병발한 경우 정상 안압이 나올 수 있기 때문에 주의해야 한다. 속발성 원인을 확인하기 위해 안검사(우각경검사, 안구초음파검사, 망막전도검사 등) 및 혈액검사, 혈압측정 등의 검사를 함께 수행한다.

실명을 막기 위해 신속하게 안압을 낮추고 통증을 줄여주는 것이 중요하다. 또한 녹내장의 원인이 되는 질환도 함께 치료하게 된다. 증가된 안압을 낮추기 위해 안방수 생성을 감소시키고, 배출을 촉진하는 약물이 처방된다. 대표적 약물 범주에는 삼투성 이뇨제, 프로스타글란딘 유사제, 탄산 탈수효소 억제제, 베타 차단제 등이 있다. 내과적 처치로 안압 관리가 되지 않거나 특정 상황에서는 배액관을 삽입하거나 레이져 또는 냉동 요법을 사용해서 모양체의 일부를 파괴하는 외과적 처치를 하는 경우도 있다. 여러 치료에도 불구하고 환자가 실명하고 통증을 지속적으로 느낀다면 환자를 위해 안구 적출술을 실시하기도 한다.

속발성 녹내장은 원발 원인을 적절하게 치료하면 나아지지만 원발성 녹내장은 평생 관리와 투약이 필요하다. 한쪽 눈에 원발성 녹내장이 발생한 경우, 반대쪽 눈에 녹내장 발생을 줄이기 위해 예방적 치료를 실시할 수 있다.

그림 12.7 녹내장(좌측 눈)

 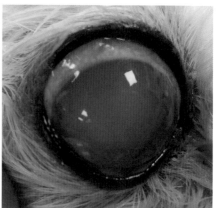

12.8 제3안검 탈출증(Third Eyelid Gland Prolapse)

특징

사람과 달리 개와 고양이는 3번째 눈꺼풀이 존재(코와 가까운 내안각 부위)하는데, 이곳에 존재하는 눈물샘이 붓고, 충혈되어 바깥쪽으로 돌출되고 안구의 일부를 덮게 되는 경우를 제3안검(샘) 탈출증(third eyelid gland prolapse) 또는 체리아이(cherry eye)라고 한다. 주로 2세 이전의 어린 개체에서 호발하며, 유전성으로 알려져 있고, 분비샘을 고정하고 있는 섬유성 결합조직이 선천적으로 결손되어 발생한다. 호발하는 품종으로는 비글, 코카스파니엘, 세인트버나드, 보스턴 테리어, 페키니즈, 바셋하운드, 불독 등이 있다.

유전성으로 알려져 있으며, 일부는 눈 주변의 외상에 의해서도 발생할 수 있다.

• 내안각 부위에서 눈을 덮는 충혈된 분홍색 덩어리
• 붉게 부어오른 덩어리는 크기가 다양해서 각막의 일부만 덮을 수도 있고 상당한 부분을 덮을 수도 있음
• 크기가 주기적으로 변할 수 있음

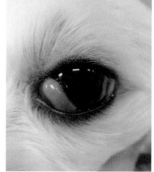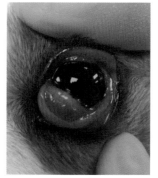

그림 12.8 제3안검 탈출증

신체 검사를 통해 돌출된 조직을 확인함으로써 진단한다. 병발한 결막염 및 이물 알레르기 질환 등을 확인하기 위한 추가 검사를 실시할 수 있다.

돌출된 조직을 조심스럽게 마사지하여 제자리로 환납시키거나 약물치료 및 스테로이드 치료 후에 일시적으로 교정되는 경우가 있으나, 일반적으로는 수술이 필요하다. 예전에는 탈출된 분비샘을 단순히 제거했지만 이 분비샘

은 전체 눈물량의 약 30~50%를 생산하기 때문에 수술적으로 제거하면 안구건조증과 이에 따른 건성각결막염을 유발할 수 있다. 따라서 돌출된 분비샘을 외과적으로 적절한 위치로 환납시키고 고정시키는 방법을 사용한다.

대부분의 경우 눈물샘은 수술 후 몇 주 이내에 정상으로 돌아온다. 일부 환자에서는 재발하여 추가 수술이 필요할 수 있다.

12.9 포도막염(Uveitis)

특징

포도막(uvea)은 홍채(iris), 모양체(ciliary body), 맥락막(choroid)으로 구성되어 있으며, 이 구조 중 하나 이상에 염증이 발생한 경우를 포도막염(uveitis)이라고 한다. 특히 모양체와 홍채에만 염증이 나타나면 전포도막염(anterior uveitis), 맥락막에 염증이 생기면 후포도막염(posterior uveitis)이라고 한다.

원인

포도막염의 원인은 매우 다양하며 원인이 명확하지 않은 경우도 종종 있다. 일반적인 원인으로는 감염(바이러스성, 세균성, 기생충성, 또는 진균성), 고혈압, 대사성 질환(당뇨병), 외상, 수정체 단백질 누출, 면역매개성, 안구 종양, 화학 물질이나 자극성 물질 등이 있다.

임상증상

- 심한 안구 충혈 및 통증
- 눈을 제대로 뜨지 못함, 안검경련, 각막 부종
- 유루증, 전안방 출혈

- 축동, 홍채 탈출, 전안방 축농
- 심한 경우 백내장, 실명, 수정체 탈구 유발 가능

진단 · 치료 · 예방

포도막염의 증상은 녹내장의 증상과 유사한 부분이 있기 때문에 안압을 측정하여 구별한다. 포도막염은 안압이 낮고 녹내장은 안압이 높게 측정된다. 안구 내부를 정밀하게 검사할 필요가 있기 때문에 검안경검사, 안구초음파검사, 안저검사 등을 실시한다. 전신질환을 확인하기 위해 혈액검사, 소변검사, 영상검사 등을 실시할 수 있다.

치료의 초기 목표는 안구 내의 염증을 줄이고 통증을 완화시키는 것이다. 주로 코르티코스테로이드와 같은 점안제나 플루비프로펜과 같은 비스테로이드성 항염증제를 사용한다. 외상에 의한 포도막염 치료에는 해당되는 외상을 복구하고 눈에 존재할 수 있는 이물질도 제거한다. 필요 시 경구 약물로 나타날 수 있는 2차 합병증(녹내장, 망막박리, 수정체 탈구 또는 유착 등)을 예방해야 한다. 정기적인 체크를 통해 염증의 진행 정도를 모니터링 해야 한다.

적절히 치료하게 되면 일반적으로 24시간 이내에 호전되기 시작하지만 원발 원인에 따라 다양한 결과가 나타날 수 있다. 전안방에 출혈이나 축농이 존재하는 경우, 증상이 사라지는 데 시간이 더 소요될 수 있다. 포도막염이 심하거나 재발한 경우에는 합병증이 더 쉽게 나타날 수 있으며, 회복 불가능한 실명을 초래할 수 있기 때문에 조기에 진단하여 신속히 치료하는 것이 좋다.

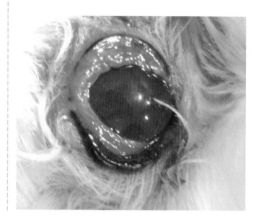 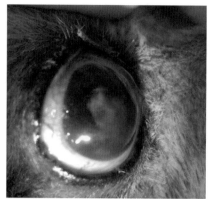

그림 12.9 포도막염

12.10 | 망막박리(Retinal Detachment)

특징

망막(retina)은 눈의 안쪽 표면을 구성하는 빛에 민감한 조직으로 시각자극을 뇌로 전달하기 위해 빛 자극을 수집하여 변환시키는 신경학적 구조물이다. 안구 뒤쪽에 위치하여 맥락막으로부터 산소와 영양분을 공급받는데, 이곳에서 분리되면 유리체쪽에서 떠 있는 상태가 되고 빛 자극을 전달하지 못하고 시력을 잃게 된다.

원인

얼굴 주위나 눈의 외상, 감염, 당뇨병, 종양, 백내장이나 백내장 수술로 인한 합병증, 선천성 또는 유전과 연관된 품종 소인, 고혈압(고양이) 등이 대표적인 원인이다. 선천적인 경우는 태어날 때부터 망막 형성부전을 가지고 있거나 다른 안구질환을 함께 가지고 있는 경우가 있으며, 후천적인 경우는 위에 열

거된 문제에 의해 망막과 망막하 조직 사이에 체액이나 혈액 또는 염증물질이 쌓여서 분리가 되거나 외상에 의해 망막이 앞쪽으로 견인되어 발생한다.

임상증상

- 산동(mydriasis), 동공빛반사(pupillary light reflex)가 불완전하거나 없음
- 실명, 부분적 박리인 경우에는 시력이 일부 남아 있을 수 있음
- 전신 고혈압이나 외상이 원인일 경우, 포도막염이나 안내 출혈이 동반
- 편측성으로 발생하면 보호자가 인지하지 못할 수 있음

진단 · 치료 · 예방

직접 또는 간접 검안경 검사를 포함해 다양한 안검사를 실시한다. 각막혼탁, 포도막염, 백내장 등의 질환이 병발한 경우에는 안구의 후방을 확인할 수 없기 때문에 안구초음파검사를 통해 안구 후방을 검사한다(그림 12.10). 전신질환을 확인하기 위해 혈압측정 뿐만 아니라 신체검사, 혈액검사, 소변검사도 필요하며, 감염성 질환, 종양 등을 위한 검사도 필요하다.

원인에 대한 신속한 치료가 필요하며, 특히 전신고혈압이 원인인 경우는 고혈압의 원인을 찾아 치료하고 필요에 따라 항고혈압제를 투여한다. 치료가 지체되면 영구히 실명하게 된다. 원인이 선천적이거나 유전적인 이유라면 치료가 어렵다. 반만에 염증성이나 자가면역질환, 출혈 때문에 발생한 경우라면 적절한 약물치료로 증상이 개선될 수도 있다.

다수의 경우에서 시력을 잃고 병원에 내원하는 경우가 많은데, 일단 망막 박리가 되면 시력이 회복되지 않는 경우가 많기 때문에 정기적인 검진을 통해 안구가 건강한 상태를 유지할 수 있도록 하는 것이 중요하다.

그림 12.10 망막박리와 출혈이 있는 안구 초음파 사진

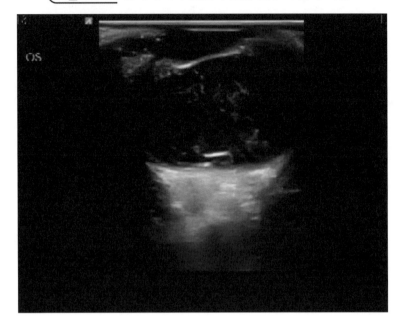

13. 귀 질환
Diseases of the Ear

13.1	외이도염

특징

외이도염은 귀의 고막 바깥쪽 통로 부위인 외이도에 발생하는 염증을 의미하며 개에서는 비교적 매우 흔한 질환이다. 거의 모든 품종과 연령에서 보이며 알러지, 아토피, 세균, 효모균, 기생충, 이물, 해부학적 문제 등에 의해 발생한다. 단순하게 원인균만 치료하면 해결되는 경우도 있지만, 면역계의 이상, 호르몬의 이상 등을 동반하는 경우가 있기 때문에 난치성이 되는 경우도 있으며, 평생 관리해야 하는 경우도 많다.

원인

외이도염의 원인은 단순한 귀진드기 감염부터 아토피나 호르몬질환까지 매우 다양하다. 어린 연령에 호발하는 귀진드기는 귀진드기를 가지고 있는 모견으로부터 감염되거나 다수의 개들이 이용하는 시설이나 공간에서 접촉을 통해 감염된다. 외이도에는 피지샘이나 아포크린샘이 존재하는데 이러한 분비샘에서 귀지가 과도하게 나오거나 귀지의 항균 능력이 떨어진 경우,

목욕이나 물에서의 활동으로 외이도에 수분이 과도하게 남아있는 경우에 쉽게 감염이 발생할 수 있다. 또한 아토피 피부염이나 식이알러지에 의해서도 외이도염이 쉽게 발생하는데, 이러한 경우에는 증상이 대체로 귀에 국한되지 않고 전신에 나타나는 경향이 있다. 드물게는 귀청소 시 면봉이나 탈지면의 솜이 귀에 남아 염증을 일으키기도 한다. 나이든 개체에서는 외이도 피부의 과증식이나 종괴 또는 종양에 의해서도 외이염이 발생한다.

임상증상

- 귀를 비비거나 긁음
- 고개를 흔들거나 심하면 기울이고 있음(사경)
- 외이도의 발적과 부종
- 외이 주변의 악취나 삼출물
- 귀를 만지려고할 때 과민반응 또는 통증
- 청력소실 또는 행동변화

진단 · 치료 · 예방

대부분 신체검사와 검이경을 통해 외이도를 검사함으로써 진단할 수 있다. 감염이 의심될 경우, 현미경을 통한 세포학검사나 세균배양, 항생제감수성 검사를 실시할 수 있다. 식이알러지나 아토피가 의심될 경우에는 식이제한검사, 혈청 IgE 측정, 피내반응검사(intradermal skin test)를 실시하여 내재된 원인을 찾을 수 있다. 계속해서 재발하거나 난치성인 경우, 호르몬 검사나 조직생검을 실시하여 진단한다.

치료는 원인에 따라 치료한다. 귀진드기는 정기적인 귀청소와 항기생충약을 통해 치료하고 세균 감염에 의한 외이도염은 세포학검사, 세균배양 및 항생제 감수성 검사 결과를 토대로 항생제 치료를 한다. 효모균의 경우, 증식 억제를 위한 외이 환경을 만들어주고 필요한 경우 항진균제를 투여하며, 재발이 잘 되기 때문에 원발 원인 및 예방에 신경써야 한다. 식이알러지나 아토피의 경우에는 검사 결과를 토대로 원인 물질을 최대한 피할 수 있도록 사료 성분이나 주변 환경을 체크해야 한다. 피할 수 없는 경우, 소염제 및 소양감 감소를 위해 개발된 약으로 관리할 수 있다. 귀에 이물이 존재하는 경우에는 검이경으로 관찰하면서 제거하고, 물리적으로 외이도를 막는 종괴가 있거나 만성 외이염으로 인해 주변 조직들이 비후되어 외이도가 협소한 경우에는 수술적으로 일부 또는 외이도 전부를 절제하기도 한다.

외이도염을 예방하기 위해서는 정기적인 귀청소와 관리가 필요하다. 검증된 귀세척제를 사용하고 목욕이나 수영 또는 귀세척후 수분이 외이도에 가급적 남아 있지 않도록 한다. 내재된 다른 원인이 있는 경우에는 그 원인을 찾아 치료 및 관리해야 재발을 막을 수 있다.

그림 13.1-1 외이도염, 급성 외이도염(좌)과 만성 외이도염(우)

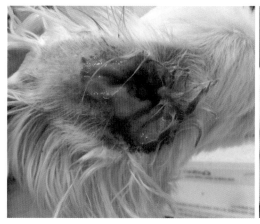

그림 13.1-2 외이도염(검이경 사진)

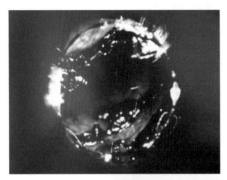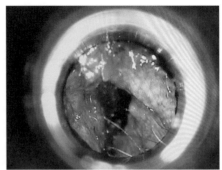

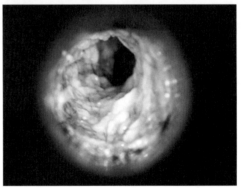

13.2 이개혈종

특징

귓바퀴는 피부와 연골로 이루어져 있는데, 머리를 세게 흔들거나 귀를 발톱으로 심하게 긁어서 귓바퀴 내부의 혈관이 손상되면 피부와 연골 사이 공간으로 혈액이 새어나와 고이게 된다. 외부와 연결된 통로가 있다면 혈액이 새어나가겠지만 그렇지 않기 때문에 외부 출혈은 보이지 않고 부풀어 오른 상태가 된다. 고양이보다는 개에서 많이 관찰된다.

물리적 혈관 손상을 유발시키는 기저 질환을 확인해야 한다. 이러한 질환으로는 아토피나 음식알러지, 외이도염(기생충성, 세균성, 진균성), 귀옴진드기 등이 병발하고 있는지 확인한다.

임상증상

그림 13.2 이개혈종

• 귓바퀴 안쪽의 액체가 저류한 듯한 부종, 발적

• 외이도염을 가지고 있다면 원인에 따른 다양한 귀 분비물, 냄새

• 귀 주변의 소양감(머리 흔들기, 귀 긁기, 바닥에 귀 비비기 등)

진단·치료·예방

촉진 시 느껴지는 파동감, 병발한 원발성 질병, 주사바늘로 덩어리 부분을 흡인하여 내용물을 확인함으로써 진단할 수 있다. 주사바늘로 흡인 시 혈액성 액체가 나오며 주사기 내에서 혈액이 응고되지 않는다. 병발한 원인을 확인하기 위해서 귀지의 세포 검사, 귓바퀴 피부의 소파검사, 식이를 포함

하여 전체적인 병력 청취가 필요하다.

고여있는 혈종이 작다면 저절로 흡수되어 사라지는 경우도 있으나 시간이 오래걸린다. 경우에 따라서는 연골에 변형이나 위축이 발생할 수 있다. 저류액을 주사기로 흡인하면 일시적으로 혈종을 없앨 수 있지만 곧 다시 발생한다. 내부의 혈종을 배액시킬 목적으로 배액관을 설치하기도 하며, 다수의 절개창을 만들어 저절로 배액을 유도하여 자연치유되도록 유도하는 방법을 사용하기도 한다. 이러한 혈종의 치료뿐만 아니라 혈종을 발생시킨 원인이 확인되었다면, 이 질환에 대한 치료도 함께 실시한다.

원인을 찾아 적절히 치료하면 치료가 잘 되지만, 원발 원인을 치료 및 관리하지 못하면 재발할 수 있다.

14. 감염성 질환
Infectious Diseases

14.1 │ 파보바이러스 감염증(Parvovirus Infection)

특징

개 파보바이러스 감염증은 매우 전염성이 높은 바이러스 질환으로 보통 예방 접종을 하지 않은 강아지에서 급성 장염과 백혈구 감소증을 일으킨다. 생후 6~20주 사이의 개체에서 가장 흔하게 발생하지만 나이가 많은 동물에도 영향을 미친다. 드물지만 생후 2~9주령 강아지에서 심근염을 일으키기도 한다. 이유는 명확하지 않지만 로트와일러, 도베르만 핀셔, 래브라도 리트리버, 아메리칸 스태퍼드셔 테리어 등의 품종은 다른 품종들보다 사망률이 더 높다.

원인

파보바이러스 감염의 원인체는 파보바이러스(parvovirus)로 여러 균주 중 CPV-2이다. 이는 고양이 범백혈구감소증 바이러스(FPV)의 돌연변이일 것으로 추정하고 있다. 감염된 개체의 분변으로 배출되는 바이러스나 환경에 존재하는 바이러스와 접촉하여 감염된다. 침입한 바이러스는 인접한 림프절에서 증식 후 골수로 이동하여 백혈구 감소증을 유발하고, 장 점막으로 이동하여 혈액성 점액성 설사를 일으킨다.

매우 심한 구토를 보이는 것이 특징이며, 처음에는 일반적인 변 색의 설사를 보이지만 혈액이 섞인 점액성 설사(그림 14.1)로 바뀐다. 구토와 설사가 지속되고 탈수와 장염에 의해 기력부족, 식욕부진, 발열 증상을 보이면서 패혈증, 쇼크 증상이 나타난다.

그림 14.1 파보장염에 의한 설사

 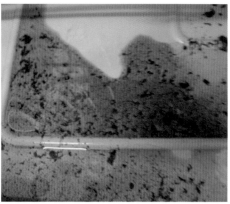

• 파보바이러스 존재 여부를 테스트하기 위해 가장 보편적으로 사용하는 방법은 분변 ELISA 검사법이다. 분변에 존재하는 항원을 키트에 존재하는 항체로 면역반응을 이용하여 확인하는 방법으로 병원 내에서 신속하게(약 20분 이내) 진단할 수 있다. 정확도가 매우 높지만 종종 위양성, 위음성 결과가 나올 수 있기 때문에 임상증상과 혈액검사(백혈구 감소증)를 토대로 확진한다.

• 파보바이러스를 직접 죽이는 항바이러스제는 없기 때문에 이 바이러스 감염증을 치료하기 위해서는 대증치료를 잘 수행해야 한다. 구토, 설사 등이 심한 경우 탈수를 유발하기 때문에 정맥으로 전해질 교정 및 수액

을 보충해주고 또한 영양분을 공급해주는 것이 매우 중요하다. 바이러스로 인한 골수와 장점막의 세포 손상으로 장내 세균이 쉽게 체내로 침입하여 패혈증을 유발할 수 있기 때문에 이에 도움이 될 수 있는 항생제 처치도 병행한다. 기타 증상에 따라 필요한 약물(항구토제 등)을 적절하게 투여한다.

- 파보바이러스와 접촉에 의해 감염되기 때문에 접촉을 피하면 예방할 수 있다. 하지만 거의 모든 환경에서 발견될 수 있고, 다양한 환경에서 안정성이 뛰어나 예방접종이 최선의 방법이다. 종합백신에 포함되어서 8주령부터 2주 간격으로 접종하고, 그 후에는 정기적으로 추가접종을 실시한다. 환경에 존재하는 파보바이러스는 일반적인 알코올이나 포비돈, 클로르헥시딘과 같은 소독제에 저항성을 보이기 때문에 물에 차아염소산 나트륨을 30배 희석하여 오염된 물체를 소독해야 한다.

14.2 개 홍역(Canine Distemper)

특징

개 홍역은 전염성이 매우 높은 바이러스 질환으로 개, 페렛, 너구리, 스컹크, 여우 등의 다른 동물에도 나타나며, 호흡기, 소화기, 중추신경계에 영향을 미치는 매우 치명적인 질병이다. 무증상에서 매우 치명적인 정도로 다양하게 나타내며, 예방접종을 하지 않은 개체에서 매우 위험하다. 증상이 경미하여 겉으로 괜찮아 보일지라도 상당한 양의 바이러스가 배출되므로 주의가 필요하다.

개 홍역바이러스(canine distemper virus)가 원인체이며, 근처의 감염된 동물이 기침, 재채기를 하여 공기로 바이러스가 배출되고 이에 노출되어 감염된다. 또는 감염된 개체의 타액, 소변, 대변 등 기타 체액과의 직접적인 접촉을 통해서도 전염될 수 있다. 일단 감염되면 전신으로 빠르게 퍼지며 면역체계를 약화시켜 2차 감염에 취약하게 만든다.

매우 다양한 증상이 나타날 수 있으나 주요한 증상으로는 설사, 구토와 같은 소화기 증상, 기침, 콧물 등과 같은 호흡기 증상, 눈의 염증 등이 있으며, 병이 진행되면 발작, 운동실조, 마비, 근육간대경련(myoclonus) 등과 같은 신경 증상이 나타난다. 종종 회복한 개체에서 치아의 에나멜 저형성증, 코/발바닥 과각화증이 나타나기도 한다.

그림 14.2 홍역으로 인한 눈병

- 증상이 특이적이지 않고, 다른 일반적인 질병과 유사하기 때문에 처음에 홍역을 인지하기 어려울 수 있다. 보통 ELISA 검사 방법이나 PCR 검사로 확진하고, 기타 합병증을 확인하기 위해 필요 시 혈액검사, 영상검사 등을 실시한다.

- 다른 바이러스 질환과 마찬가지로 특별한 치료법은 없다. 면역체계 약화에 따른 2차 감염을 조절하기 위해 항생제를 사용하고 탈수, 식욕부진에 따른 수분/전해질 불균형 및 영양부족에 대해 대증치료를 실시한다. 필요에 따라 항경련제를 사용한다.

- 예방할 수 있는 가장 효과적인 방법은 예방접종이다. 6~8주령부터 기초접종을 시작하고 다음 해부터는 정기적으로 추가접종을 실시한다. 기본 예방접종이 완료될때까지 다른 개들이 이용하는 다중이용 시설을 피해 다른 개체와의 접촉을 피하는 것이 권장된다. 대부분의 가정용 소독제로 이 바이러스를 쉽게 죽일 수 있기 때문에 일반적인 위생관리를 실시하면 예방에 도움이 된다.

- 개홍역에 감염되어 증상이 진행된 경우에는 여러 대증치료에도 불구하고 회복이 불가능한 경우가 많다. 회복된 일부 개체에서는 평생 근육간대경련이나 발작 증상이 남아 있을 수 있다.

14.3 코로나바이러스 감염증(Coronavirus Infection)

특징

Coronaviridae에 속하는 개 코로나바이러스는 전자현미경으로 관찰 시 표면에 돌기를 가지고 있어 왕관 모양으로 보이기 때문에 이러한 이름이 붙

여겼지만 사람에서 나타나는 호흡기 코로나 바이러스 감염증(COVID-19)의 원인체와는 다른 바이러스이다. 그래서 사람에게 영향을 미치지 않고 개에서는 전염성이 높은 장염을 일으킨다.

원인

원인체는 개 코로나바이러스(canine coronavirus, CCoV)이다. 개 코로나바이러스는 생존기간이 짧지만 감염된 개는 며칠동안 장염으로 인해 복부 통증을 겪는다. 구강 분비물이나 감염된 개체의 대변과 접촉을 통해 전염된다.

임상증상

- 기력저하, 식욕저하
- 구토, 급성 설사(묽고 밝은 오렌지색, 혈액이나 점액 포함 가능)
- 발열(흔하지 않음)
- 파보바이러스와 병발 감염 시 심각한 증상 유발 가능

진단 · 치료 · 예방

- 보통 ELISA 검사 방법이나 PCR 검사로 확진하고, 기타 합병증을 확인하기 위해 필요시 혈액검사, 영상검사 등을 실시한다.
- 개 코로나바이러스에 특별한 치료제는 없다. 장에서의 2차 세균 감염을 예방하는 목적으로 항생제를 사용할 수 있다. 구토와 설사로 인한 탈수와 전해질 불균형을 교정하기 위해 수액처치가 필요하고, 설사가 멈추고 더 이상 구토 증상을 보이지 않으면, 점진적으로 소량의 음식을 섭취시킨다.
- 백신을 통해 예방이 가능하기 때문에 유년기에 다른 바이러스성 질환의 백신과 함께 접종이 권장된다.

14.4 전염성 기관지염(Infectious Tracheobronchitis)

특징

켄넬 코프(kennel cough)라고도 불리는 개 전염성 기관지염은 개에게 비교적 흔한 호흡기 질병이다. 다양한 원인체에 의해 발생하는데, 이러한 원인체가 호흡기를 공격하여 상부 기도에 염증과 자극을 유발한다. 건강하고 면역능력이 잘 형성된 개체에서는 대부분 증상이 경미하지만 어리거나 면역 체계가 약한 개체는 격렬한 기침을 동반한 호흡기 증상이 나타나고 심각한 2차 감염으로 이어질 수 있다. 켄넬 코프라는 병명은 전염성이 매우 높은 이 질병의 특징 때문에 동물이 서로 밀접하게 접촉하는 장소(켄넬, 보호소, 놀이터, 판매장 등)에서 빠르게 퍼지는 특징에서 유래되었다.

원인

개 전염성 기관지염을 일으킬 수 있는 원인체는 다양한 편이며 대표적 원인체는 다음과 같다.

- 보데텔라 브론키셉티카 *Bordetella bronchiseptica*
- 개 파라인플루엔자 바이러스 canine parainfluenza virus(CPIV)
- 개 아데노바이러스-2 canine adenovirus-2(CAV-2)
- 개 인플루엔자 canine influenza
- 개 홍역바이러스 canine distemper virus

감염된 개의 기침을 통해 배출되는 비말과 접촉하여 감염될 뿐만 아니라 감염된 개와의 직접 접촉 또는 함께 사용하는 밥그릇, 장난감, 침구류, 케이지 등과 같은 물체와의 접촉을 통해 전염될 수 있다.

- 격렬한 마른 기침(목에 가시가 걸린 것처럼 들림)

- 콧물, 재채기

- 기력저하, 식욕감소, 미열

- 개 홍역이나 개 인플루엔자의 경우는 ELISA 키트 검사를 통해 쉽게 진단이 되지만, 다른 바이러스나 세균은 PCR검사와 같이 시간과 비용이 드는 검사를 통해서 진단이 가능하다. 그렇기 때문에 특징적인 임상증상과 병력, 질병전파 양상을 통해서 진단하기도 한다. 기침 증상을 유발할 수 있는 호흡기 질병(폐렴, 기관허탈, 천식 등) 및 전신 질병(심장사상충, 암, 심장병 등)이 많이 있기 때문에 이러한 질병을 배제하기 위한 영상학적 검사, 혈액검사 등을 실시할 수 있다.

- 세균이 원인체인 경우에는 항생제 치료를 하면 개선이 되지만 바이러스가 원인일 경우에는 치료제가 없기 때문에 증상에 따른 대증치료를 실시한다. 필요에 따라 2차 감염을 예방하기 위해 항생제를 투약하고, 증상개선을 위해 기침 억제제를 사용할 수 있다. 합병증이 없거나 증상이 경미할 경우에는 충분한 휴식과 영양공급으로 개선될 수 있지만, 빨리 호전되지 않는다면 폐렴으로 이어질 수 있기 때문에 적절한 치료가 필요하다.

- 유년기에 예방접종을 통해서 질병 발생을 예방하거나 질병에 걸렸어도 증상의 정도를 약하게 할 수 있다. 예방접종을 완료하기 전에는 다양한 개가 이용하는 장소나 시설의 방문을 피하는 것이 좋다.

14.5 전염성 개 간염(Infectious Canine Hepatitis)

특징

전염성 개 간염은 발열, 점막 울혈, 기력저하, 백혈구 감소증, 혈액응고장애와 같이 다양한 증상을 보일 수 있는 질환으로 간세포를 괴사시키고 혈관 내피세포도 손상시키는 특징이 있다. 바이러스와 관련된 면역복합체가 안구 및 신장에 침착되어 포도막염, 각막혼탁 및 사구체신염을 유발할 수 있다. 원인체인 CAV-1은 개 전염성 기관지염의 원인체 중 하나인 CAV-2와 항원적으로 관련있어 약독화 CAV-2를 예방접종에 사용한다. 개 뿐만이 아니라 여우, 늑대, 코요테, 곰 등 일부 동물에서도 발견되었으며, 어린 개체에서 발병률과 사망률이 높다.

원인

개 아데노바이러스(canine adenovirus 1, CAV-1)가 원인체이다. 외부 환경에 대한 저항성이 있는 편이며, 실온에서 몇 달간 감염성을 유지할 수 있다. 감염된 동물의 소변과 코, 눈 분비물에 존재하여 이러한 감염된 물질과의 직접 접촉을 통해 전염된다. 나이든 개체의 경우 경미한 증상을 보이거나 특별한 처치 없이 회복될 수 있다.

임상증상

- 식욕부진, 기력저하, 고열
- 구토, 복통(간 부위), 설사
- 구강 점막의 출혈, 점상출혈과 같은 혈액 응고장애
- 편측성 또는 양측성 각막혼탁(파란눈, blue eye)
- 콧물, 기침, 상부기도 감염, 켄넬 코프와 유사한 호흡기 증상이 나타날 수 있음

- PCR검사나 ELISA검사, 혈청의 항체 검출과 같은 검사로 진단하고, 임상 증상과 간효소수치나 간기능수치의 상승도 진단에 참고한다.

- 다른 바이러스 질환과 마찬가지로 특별한 치료제는 없다. 2차 세균 감염을 예방하거나 치료하기 위해 항생제를 사용할 수 있으며 치료의 목표는 탈수교정 및 영양공급과 같은 대증치료를 적절하게 수행하여 증상을 줄이고 면역체계가 바이러스를 극복할 수 있는 시간을 확보하는 것이다. 급속하게 진행되어 24시간 이내에 사망하는 경우부터 가벼운 호흡기 증상만 보이는 경우, 증상이 거의 나타나지 않는 경우까지 다양하게 진행될 수 있다. 다른 질병(개 홍역, 파보장염 등)이 병발하면 예후가 좋지 않다.

- 강아지 예방접종 프로그램(종합백신에 포함됨)을 통해 예방이 가능하다. 유년기 접종 후 성견이 되어서도 주기적으로 접종이 필요하다.

14.6 개 파라인플루엔자 감염증(Canine Parainfluenza Virus Infection)

특징

개 파라인플루엔자 바이러스는 매우 전염력이 높은 호흡기 바이러스로 켄넬 코프(kennel cough)의 주요 원인체 중 하나이다. 주로 코, 인두, 기관지에서 복제되며 대개는 폐로 진행되지 않는다. 어린 개체나 면역력이 약한 노령견에서 발생하기 쉬우며, 대형견보다는 소형견에서 폐렴과 같은 합병증이 발생하기 쉽다. 사람에게 전염된 보고는 없지만 고양이와 감염을 서로 주고받을 수 있기 때문에 주의가 필요하다. 감염률은 높지만 20~50%의 개는 아무런 질병 징후 없이 체내에서 항체를 만들어 바이러스를 제거하지만 나머지 50~80%는 독감과 유사한 증상을 겪는다.

개 파라인플루엔자 바이러스(canine parainfluenza virus)로 공기(기침이나 재채기로 배출되는 비말에 포함된 바이러스)나 밥그릇, 장난감, 침구류를 통해 전염되어 켄넬이나 보호소같이 많은 수의 동물이 함께 사육되는 장소에서 빠르게 확산될 수 있다. 증상은 개 인플루엔자 감염과 비슷하지만, 매우 다른 바이러스이다.

임상증상

- 기력저하, 발열, 식욕부진
- 콧물, 기침, 재채기

진단 · 치료 · 예방

- 혈액샘플이나 눈/코 분비물로 유전자검사(PCR)나 ELISA 방식으로 진단할 수 있으며, 병발할 수 있는 다른 질병들이나 합병증을 확인하기 위해 영상검사 및 혈액검사가 필요할 수 있다.
- 이 바이러스를 제거할 수 있는 치료제가 없기 때문에 대증치료가 주된 치료가 된다. 장기적인 기침은 폐 조직에 손상을 주고 문제를 일으킬 수 있기 때문에 진해제나 진통제로 기침을 감소시키고, 호흡기 2차 감염이 의심되면 항생제 처치나 분무치료(nebulization)를 실시한다.
- 강아지 예방접종 프로그램(종합백신에 포함됨)을 통해 예방이 가능하다. 유년기 접종 후 성견이 되어서도 주기적으로 접종이 필요하다.

14.7 개 렙토스피라 감염증(Canine Leptospirosis)

특징

렙토스피라증은 세균성 질병으로 간이나 신장에 심각한 영향을 미치며, 개와 설치류, 너구리 같은 작은 포유동물뿐만 아니라 가축, 사람에게도 감염을 일으키는 인수공통 전염병이다. 이 세균은 따뜻하고 습한 환경을 좋아하며, 오염된 물이나 토양에서 오래 생존할 수 있다. 지역적 발생 특성이 있어 도심보다는 시골, 야외에 방문 후 감염되는 사례가 많다. 세균의 섭취 또는 손상된 점막이나 피부로 체내로 침입한 세균은 약 1주일의 잠복기 이후에 증상이 나타난다.

원인

렙토스피라균(*Leptospira interrogans serovar Canicola*, *Leptospira icterohaemorrhagiae* 등)에 의해 발생하며 다양한 종과 혈청형(균주)이 존재한다고 알려져 있다. 개가 렙토스피라증에 감염되는 일반적인 경로는 세균이 존재하는 소변과의 접촉이다. 감염되거나 보균자인 설치류의 소변으로 배출되는 세균은 웅덩이와 같이 고인 물, 연못, 호수와 같이 느리게 흐르는 물에 존재하거나 이러한 물에 오염된 토양, 설치류의 소변이 묻어있는 침구류나, 장난감 등에 존재하기 때문에 이와 접촉을 통해 감염된다.

임상증상

경증에서 중증까지 다양한 증상을 보일 수 있다.

• 발열, 기력저하, 식욕부진, 구토, 설사, 통증

• 다음, 다뇨, 무뇨증, 핍뇨증

• 급성신부전

- 황달
- 응고장애(점상출혈, 폐출혈)

- 증상이 렙토스피라 균주마다 다양할 수 있어 진단이 쉽지 않다. 혈액이나 소변에서 PCR검사를 통해 항원인 균을 직접 확인하거나 현미경 응집 테스트(microscopic agglutination test)를 통해 감염 후에 발생하는 항체를 검출할 수 있다. 전신에 다양한 증상을 보일 수 있기 때문에 혈액검사, 혈액응고 계검사, 영상검사, 소변검사 등을 실시하여 필요한 대증치료를 실시하여야 한다.

- 치료는 적절한 항생제(독시사이클린, 페니실린 계열, 엔로플록사신 등)를 사용하여 치료한다. 급성 신장 손상과 간질환을 유발하기 때문에 이에 대한 수액요법 및 대증요법도 적절하게 실시한다. 이러한 치료에도 불구하고 무뇨증이나 핍뇨증이 있는 경우 혈액투석(hemodialysis)과 같은 신대체요법(renal replacement therapy)을 고려한다.

- 예방을 위해서는 유년기 기초 접종 후 매년 예방접종(4종의 혈청형 포함)을 실시하고 야외활동 시 고인 물에 접근을 피하는 것이 좋다. 또한 설치류나 야생동물의 배설물을 통해 전염되므로 주변에 설치류와 야생동물의 접근을 피하거나 출몰 지역 방문을 피하는 것이 좋다. 병원 내에서 의심되거나 감염된 환자를 치료하거나 간호할 경우, 환자를 이동시키지 말고 환자와 접촉 시 개인보호장구(일회용 마스크 및 장갑, 앞치마 등)를 사용하고 침구류는 뜨거운 물과 세제로 세탁하는 등의 위생관리가 필요하다.

14.8 | 광견병(Rabies)

특징

광견병은 바이러스성 질병으로 광견병에 걸린 동물에게 물렸을 경우에 감염되는 매우 무서운 질병 중 하나이다. 광견병 바이러스는 교상(타액)에 의해 전파 후, 상처 조직 근처에서 증식한 다음 말초신경계를 거쳐 척수로 이동하고, 궁극적으로 뇌로 이동한다. 그후 침샘으로 퍼져 바이러스가 타액으로 배출될 수 있는 상태가 된다. 개뿐만 아니라 박쥐, 너구리, 스컹크, 여우와 같은 야생동물을 포함하여 모든 포유동물이 광견병에 걸릴 수 있다.

원인

광견병 바이러스(rabies virus)

임상증상

잠복기는 2주에서 1년까지 다양한 편이며, 감염부위, 물린 정도, 상처를 통해 체내에 침입한 바이러스의 양에 따라 증상의 속도가 달라진다.

• 초기에는 성격의 변화가 두드러짐
• 공격성, 흥분, 이식증 등을 보이다가 마비, 발작이 나타남
• 진행성 마비, 안면 근육의 뒤틀림, 연하곤란, 과도한 타액분비, 혼수 상태

진단 · 치료 · 예방

• 광견병은 뇌조직을 직접 검사해야하기 때문에 살아있는 경우에는 검사가 불가능하다. 사람과의 연관성(교상으로 인한 접촉)이 있는 경우 반드시 검사가 필요할 수 있다. 증상의 유무에 따라 장기간(6개월 이상) 격리관찰이 필요할 수 있다.

- 바이러스를 죽이는 특별한 치료제는 없으며, 개와 동물의 경우 광견병이 의심되는 경우 안락사를 실시한다.

- 백신 접종을 통해 예방할 수 있다.

- 광견병에 걸린 개에서 일부 생존했다는 보고도 있지만 명확하지 않으며, 사전에 예방접종을 하지 않았으면 생존 가능성이 낮다.

15. 종양성 질환
Neoplastic Disease

15.1 | 림프종(Lymphoma, Lymphosarcoma)

특징

림프종(lymphoma, LSA)은 혈액계통에서 가장 흔한 종양으로 비교적 흔하게 접할 수 있다. 림프종은 정상적인 림프구가 악성 종양세포로 변형되어 발생하는 것으로 주로 림프절, 비장, 편도선, 흉선 등과 같은 림프조직에서 나타난다. 나이, 성별, 품종에 관계없이 림프종에 걸릴 수 있으나, 일반적으로 성견과 노령견에서 호발한다. 체표면에 한 개 이상의 혹 또는 덩어리가 만져져서 내원하는 경우가 많으며, 이 종괴는 대부분 악성 림프구에 의해 림프절이 비대해져 나타난다. 이러한 타입을 다중심성(multicentric) 림프종이라고 하고, 그 외에 소화기(alimentary), 종격동(mediastinal), 피부(cutaneous), 안구(eye), 중추신경계(central nervous system) 등에서도 나타날 수 있다. 다양한 검사를 통해 종양이 동물의 체내에 얼마나 영향을 주는지 병기(staging)를 결정하고 화학요법(chemotherapy)을 실시하게 된다. 림프종은 화학요법에 반응이 비교적 좋은 종양 중 하나이며, 치료에 대한 부작용은 사람에 비해 적은 것으로 알려져 있다. 종양을 발견하고 치료하지 않은 경우, 환자의 평균 기대수명은 진단시점으로부터 약 2개월이다.

대부분의 종양의 경우, 그 원인이 아직 명확하지 않다. 특정 화학 물질(발암물질), 담배 연기, 제초제, 살충제, 햇빛 노출, 바이러스 등에 대한 연구가 있고, 일부의 종양에서는 어느 정도의 인과관계나 연관성을 볼 수 있다. 정상적인 세포들은 체내에서 다양한 규칙과 질서에 의해 분열, 증식과 사멸 과정을 거쳐 항상성을 유지하지만, 알 수 없는 원인에 의해 이러한 통제를 벗어나는 세포가 발생하고 이러한 비정상적인 세포를 동물의 체내에서 제거하지 못하면 결국 수가 증가하여 암조직 또는 암덩어리가 되어 동물의 건강에 해를 끼치게 된다.

임상증상

- 일부 또는 전신 체표 림프절 비대
- 초기에는 임상증상이 없는 경우가 많음
- 암세포의 전이 정도에 따라 구토, 설사, 혈변, 식욕부진, 발열, 식욕부진 등의 증상을 보임
- 림프종 발병 위치에 따라 다양한 증상이 나타날 수 있음

그림 15.1-1 종대된 체표 림프절에서 채취된 종양성 림프모구(lymphoblast)(x1000)

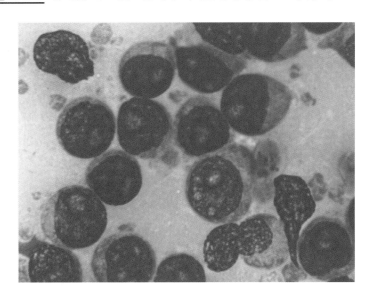

그림 15.1-2 안구 후방 림프종(좌)과 간의 림프종(우)

세침흡인술(fine needle aspiration)을 통한 세포학검사만으로도 진단이 가능하다. 이 검사는 최소 침습적이고 비용이나 통증도 생검(biopsy)보다 적고, 결과도 비교적 빨리 알 수 있다. 종대된 림프절에서 세포를 채취하여 염색한 후 현미경으로 관찰하면, 다수의 미분화된 림프모구(lymphoblast)를 관찰할 수 있다. 하지만 림프종 초기이거나 정상과 종양의 경계선에 있는 환자의 경우에는 불명확한 결과가 나올 수 있고 이러한 경우에는 추적검사나 조직-병리학적-검사가 필요할 수 있다. 치료를 하기 위해서는 환자의 상태를 정확히 알아야 하기 때문에 혈구검사, 혈청검사, 영상검사, 요검사, 내부장기의 세침검사/생검, 골수검사 등의 추가 검사를 실시하고 병기를 결정한다. 림프종이 B림프구 계열인지 T림프구 계열인지 등 세포의 계통을 확인하기 위해 면역조직화학검사(immunohistochemistry)나 유전자검사(PARR), 유세포분석(flow cytometry)을 추가로 실시하여, 치료방법을 결정하고, 예후를 판단한다.

림프종은 항암제에 비교적 잘 반응하는 종양이기 때문에 화학요법으로 주로 치료한다. 전통적으로 암세포의 내성과 부작용을 줄이고, 효과를 극대화하기 위해 다양한 항암제를 조합하여 치료하며, 대표적인 방법으로 CHOP 프로토콜이 있다. 이 방법에는 사이클로포스파마이드(cyclophosphamide), 독소루비신(doxorubicin), 빈크리스틴(vincristine), 프레드니손(prednisone)이라는 약물이 사용되며, 경우에 따라 L-아스파라기나제(L-asparaginase), 로무스틴(lomustine, CCNU)과 같은 약물이 병행 또는 단독으로 사용되기도 한다. 가장 흔하게 관찰되는 항암제에 대한 부작용은 골수억압에 따른 혈구 수 감소(bone marrow suppression), 탈모(alopecia), 구토, 설사, 식욕부진과 같은 소화기 증상(gastrointestinal problems)이 있으나, 환자들은 대부분 사람들에 비해 잘 견디는 편이다. 일반적으로 임상증상을 동반한 경우가 임상증상을 동반하지 않고 내원한 경우보다 항암제의 반응이나 생존률이 떨어지고, T세포 림프종이 B세포 림프종보다 약물에 대한 반응이나 예후가 좋지 않다.

림프종을 예방하기 위한 특별한 방법은 없으며, 정기적인 건강체크를 통해 조기에 발견하면 치료에 대한 반응, 예후, 생존기간이 늘어난다. 진단 후 치료를 하지 않았을 경우, 평균 생존기간이 2개월인 반면, 적절하게 치료하였을 경우, 림프종이 발병한 위치, 병기에 따라 다양할 수 있지만, 평균 생존기간이 12개월에 달한다.

15.2 비만세포종(Mast Cell Tumor, MCT)

특징

비만세포(mast cell)란 동물 체내의 다양한 조직에서 발견되는 백혈구의 일종으로 알러지 반응과 염증에 중요한 역할을 하는 세포이다. 비만세포가 알러지 항원이나 염증과 같은 상황에 노출되면 활성화되어, 가지고 있던 화학물질을 방출하는데, 이러한 과정을 탈과립화(degranulation)라고 하고 대표적인 물질로 히스타민(histamine), 헤파린(heparin), 단백질분해효소 같은 것이 있다. 비만세포종(mast cell tumor, MCT)은 비만세포로 구성된 악성 종양으로 일반적으로 피부에 결절이나 종괴를 형성하지만, 비장, 간, 장, 골수와 같은 다른 다른 장기에도 영향을 미칠 수 있다. 비만세포종은 개에서 가장 흔한 피부 종양으로 매우 다양한 양상으로 나타날 수 있기 때문에 외형으로만 이 종양을 예측하기 어렵다. 신체의 어느 부위에서나 나타날 수 있지만, 다리, 하복부, 가슴에서 흔히 발견된다. 종양이 진행되면 주변 인접 림프절, 간, 비장으로 전이될 수 있다. 모든 연령에서 나타날 수 있으나, 보통 8~10살에서 가장 흔하게 발생한다.

원인

정확한 원인은 확인되지 않았으나 환경적 요인과 유전적 요인이 혼재되어 있을 것으로 예상한다. 잘 알려진 유전적 돌연변이 중 하나는 세포의 복제와 분열에 관여하는 c-Kit라고 하는 단백질의 돌연변이이다. 그래서 일부 환자에서는 이 부분을 억제하기 위한 치료제를 사용하기도 한다.

임상증상

- 피부의 비만세포 종양은 신체 어느 부위에서나 발생할 수 있음
- 피부의 단순 결절, 덩어리처럼 보일 수도 있으나 발적, 궤양을 동반가능
- 크기 더 커지지 않고 그대로 있을 수도 있고, 단기간에 갑자기 빠르게 종대 가능
- 종양의 크기가 커졌다가 작아졌다가를 반복
- 탈과립 발생에 따른 궤양이 위나 장에 발생하면 구토, 식욕부진, 흑변, 무기력 증상 유발
- 경우에 따라 심각한 알러지 반응이나 아나필락시스(anaphylaxis)를 유발
- 일부 내장으로 전이된 경우, 해당 장기의 비대, 복수 등의 전신 증상 발생

그림 15.2 종양성 비만세포·피부 병변에서 채취한 샘플의
세포학검사 사진(x1000)

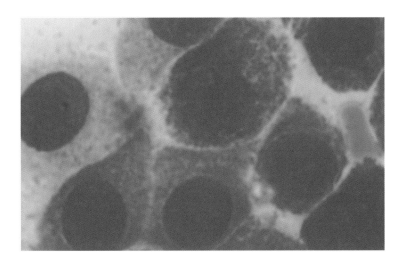

피부나 내장에 발생한 경우 모두 세침흡인술(fine needle aspiration, FNA)을 통해 시료를 채취하여 세포학적 검사를 통해 진단한다. 하지만 적절한 병기의 결정, 치료와 예후를 위해서 생검을 통해 조직검사를 하여 종양세포가 얼마나 공격적인지 암세포의 성향을 파악할 필요가 있다. 혈구검사, 혈청검사, 요검사, 방사선 및 초음파검사, 골수검사, 유전자 검사 등을 추가로 실시하여 치료과정에서의 다양한 변수를 고려한다.

비만세포종을 치료하기 위해서 수술, 화학요법, 방사선요법을 개별적으로 실시하거나 병행하여 치료한다. 종양이 좁은 범위에 국한되어 있거나 조직검사 결과 양호한 타입이라면, 외과적 수술이 지시된다. 보통 1회 이상의 수술이 필요한 경우가 많은데, 그 이유는 이 종양세포가 주변 조직에 매우 침습적이어서 경계 부위를 충분히 확보하지 못하고 절제하는 경우 재발의 가능성이 매우 높기 때문이다. 방사선요법도 비만세포종 치료에 도움이 될 수 있으나 비용과 시설, 마취에 따른 어려움이 있다. 종양이 국소적으로 존

재하지 않고 수술이나 방사선요법으로 조절할 수 없을 정도로 큰 경우, 약물 치료로 종양의 성장과 확산을 억제할 수 있다. 일반적을 사용되는 약물에는 프레드니솔론(prednisolone), 빈블라스틴(vinblastine), 로무스틴(lomustine), 토세라닙(toceranib) 등이 있다.

비만세포종을 예방할 수 있는 방법은 없으며, 치료 도중에 비만세포의 탈과립과 관련된 증상이 나타날 수 있기 때문에 종양 덩어리를 만지거나 조작하는 행동은 피해야한다. 환자가 스스로 씹거나 핥거나 긁는 것도 내버려두어서는 안 된다. 자극이 지속된다면 가려움증, 부기, 출혈 등의 증상이 더 심해질 수 있다.

15.3 지방종(Lipoma)

특징

지방종은 중년과 고령에서 흔히 볼 수 있는 양성 지방 종양을 지칭하며, 지방세포(lipocyte)의 변형에 의해 발생한다. 성장속도에 따라 다양한 크기를 가질 수 있고, 심지어 몇 년 동안 크기가 변하지 않는 경우도 있다. 발생한 위치에 따라 전혀 불편함을 느끼지 않는 경우도 있고, 크기가 커져 궤양, 염증 등을 동반하는 경우도 있다. 대부분 몸통, 다리에 발생하지만 체강 내뿐만 아니라 신체 어느 부위에도 발생할 수 있고, 크기도 다양하게 나타난다. 일반적으로 지방이 존재하는 피부 아래에 발생하지만 드물게 근육 사이에서 나타나는 침윤성(infiltrative) 지방종, 악성 형태의 지방육종(liposarcoma)이 있다.

정확한 원인은 알려지지 않았으나 환경적 요인과 유전적 요인이 혼재되어 있을 것으로 예상한다. 과체중(비만)인 개체에서 더 흔히 관찰되는 경향이 있고, 나이가 들면서 발생할 가능성이 더 높다.

임상증상

- 피부 아래에서 덩어리 혹은 종괴가 만져짐

- 원형, 타원형 등으로 경계가 명확한 경우가 많지만, 예외적으로 경계가 불분명한 경우도 있음

- 말랑말랑하거나 단단하게 만져질 수 있으며 유동적이거나 피하조직에 단단히 부착되어 나타날 수도 있음

그림 15.3-1 지방종의 육안 형태

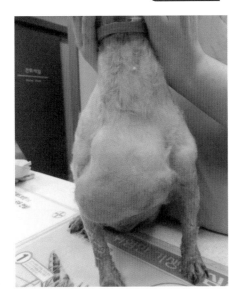

그림 15.3-2 피부 종괴에서 세침흡인한 시료에서 보이는 지방세포(x100)

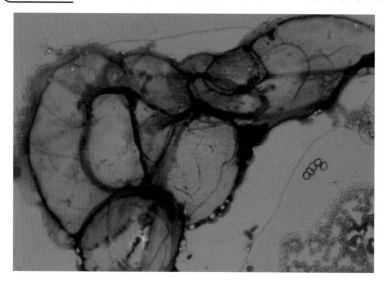

외관상으로는 다른 피부 종양과 감별이 쉽지 않기 때문에 세침흡인술(FNA)을 통한 세포학검사로 진단할 수 있다. 생검에 비해 상대적으로 덜 침습적이며, 비용도 저렴하고 결과도 빨리 알 수 있다. 다양한 양의 지방 물질들과 지방세포를 관찰할 수 있다. 필요에 따라 조직의 절제 후 생검을 실시한다.

크기가 작거나 동물이 불편해하지 않는다면 진단 후 대부분의 경우 추적 관찰만 해도 되지만, 저절로 사라지지 않기 때문에 제거하기 위해서는 외과적 수술이 필요하다. 빠르게 크기가 변하는 경우나 아래 근육층에 침습적인 경우는 수술적을 제거한다. 이러한 경우 종양의 특성상 완전한 제거가 어려운 경우도 있고 재발할 수 있다. 비만인 환자의 경우 체중조절을 해주면 향후 지방종의 재발에 도움이 될 수 있다.

15.4 편평상피암종(Squamous Cell Carcinoma, SCC)

특징

편평세포(squamous cell)는 피부의 가장 바깥쪽 층을 구성하는 세포로 일반적인 피부 이외에도 구강, 비강, 발톱 아래 등과 같은 부위에서도 신체를 둘러싸고 있다. 편평상피암종은 이러한 편평 세포가 종양화되어 발생하기 때문에 편평상피암종은 편평세포가 위치하는 어떠한 곳에서도 나타날 수 있다. 보통은 한 부위에서만 나타나는 경우가 많고, 심한 악성 성향을 보인다. 초기에는 종양인지 잘 모르고 일반적인 염증 처치나 치료를 하다가 늦게 발견되는 경우가 많다.

원인

정확한 원인은 알려지지 않았으나 환경적 요인과 유전적 요인이 혼재되어 있을 것으로 예상한다. 사람의 편평상피암종과 마찬가지로 햇빛이나 자외선에 대한 지속적인 노출 때문에 발생할 수 있다. 따라서 털의 수가 적거나 밝은 색 털을 가진 품종, 자외선이 강한 지역에서 살고 있는 개체에서 발병률이 높은 것으로 알려져 있다.

임상증상

- 병변의 지속적인 염증, 발적, 출혈, 궤양, 탈모
- 특정 신체 부위를 핥거나 씹음, 이로 인한 2차 감염
- 염증치료에 잘 반응하지 않음

그림 15.4-1 염증성 피부 병변에서 세침흡인한 시료에서 보이는
편평상피암종 세포(x400)

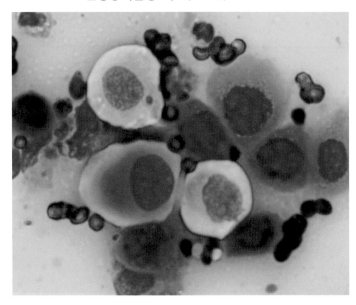

그림 15.4-2 편평상피암종의 피부병변

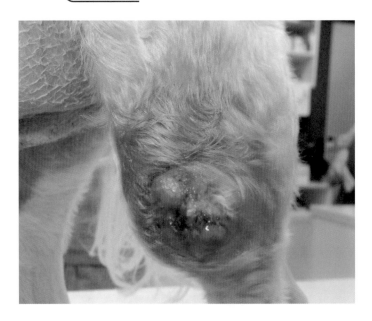

종양이 발생한 위치에 따라 세침흡인술(FNA) 또는 생검을 통해 진단한다. 세침흡인술을 통해 세포를 채취하여 현미경으로 관찰하면 비정상적인 편평상피암종 세포를 관찰할 수 있고, 동반한 염증성 변화도 관찰된다. 이러한 속발성 염증성 병변 때문에 진단이 불명확할 경우에는 생검을 통해 확진한다. 적절한 치료를 선택하기 위한 선행 검사로 혈구검사, 혈청검사, 영상검사, 요검사 등을 실시하고, 이를 토대로 환자의 현재 상태 및 타 장기로의 전이(metastasis) 유무를 평가한다.

일반적으로 시행하는 치료는 외과적 수술이다. 수술로써 암조직을 완전히 제거하지 못했거나 불가능한 경우 방사선요법을 병행하여 사용할 수 있다. 항암제를 이용한 화학요법은 효과가 미미하다. 특히 구강이나 발가락에 발생하는 편평상피암종의 경우, 악성도가 심해 외과적 절제를 하여도 예후가 매우 불량하다.

자외선이나 햇빛이 편평상피암종의 발병에 중요한 역할을 할 수 있으므로 이러한 환경에 노출되지 않도록 하는 것이 중요하다. 피부 및 체표면에 잘 치유되지 않은 염증 소견이 있을 경우, 세포검사 또는 생검을 실시하여 조기에 질병을 찾아 조치하는 것이 중요하다.

15.5 흑색종(Melanoma)

특징

색소를 생성하는 멜라닌세포(melanocyte)의 종양성 변화로 발생하는 종양으로 개에서는 구강(80%)에서 흔히 관찰되고, 잇몸, 혀, 경구개, 연구개, 입술 등 구강 모든 조직에서 나타날 수 있다. 이외에도 점막-피부 연접부, 발톱 뿌리(nailbed)에서도 발생하고 피부, 안구에도 나타날 수 있다. 피부에는 양성으로 나타나는 경우가 많아 수술적으로 완전히 제거가 가능하고 안구의 경우는 양성인 경우가 많지만, 눈이 커짐에 따라 시력손상 등과 같은 부수적인 문제가 발생한다. 구강과 발톱 뿌리에 발생하는 흑색종은 악성도가 매우 높으며, 이러한 악성 흑색종의 경우 국소 림프절과 폐로 전이가 매우 잘되기 때문에 예후가 매우 좋지 않다.

원인

정확한 원인은 알려지지 않았으나 환경적 요인과 유전적 요인이 혼재되어 있을 것으로 예상한다.

임상증상

그림 15.5 구강에 발생한 흑색종

 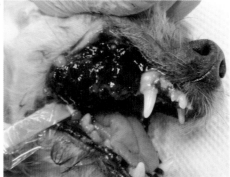

- 구강이나 체표에 존재하는 종괴
- 구강 종괴의 경우 침흘림, 섭취곤란, 얼굴 부종, 무기력, 식욕부진
- 종괴는 멜라닌세포의 색소 때문에 검은색을 띄지만 일부는 분홍색 또는 살색으로 보일 수 있음

- 종양이 주변 림프절로 전이되면 림프절 비대
- 구강 검진, 스케일링, 발치 등의 진료시 무증상으로 발견되기도 함

진단·치료·예방

종괴를 세침흡인하여 세포학검사를 실시하거나 생검을 통해 진단한다. 적절한 치료방법을 선택하기 위해 혈구검사, 혈청검사, 영상검사, 요검사, 주변 림프절 검사 등의 추가 검사를 실시한다.

전이가 되지 않았다면 광범위하게 수술적으로 절제하는 외과적 치료가 권장된다. 수술 범위를 줄이거나, 수술적으로 완전히 제거되지 않은 종양을 치료하기 위해 또는 이미 많이 진행되어 치료가 불가능하지만 생활하는 데 불편함을 줄이기 위해 방사선요법(radiation therapy)을 실시할 수 있다. 흑색종은 대부분의 항암제에 내성을 보이는 경향이 있어 효과를 보기 어렵다. 최근 흑색종 백신(Onsept®)이 개발되어 단독 혹은 수술적 치료와 병행하여 사용되고 있는데, 이전 치료법에 비해 생존기간이 두드러지게 늘어났다.

Chapter 2.
고양이의 질병(Feline Diseases)

1. 감염성 질환

Feline Infectious Diseases

<table>
<tr><td>1.1</td><td>범백혈구감소증(Feline Panleukopenia)</td></tr>
</table>

특징

고양이 범백혈구감소증(feline panleukopenia)은 고양이 감염성 장염(feline infectious enteritis) 또는 고양이 파보장염(feline parvoviral enteritis)이라고도 한다. 이 질환은 전염성이 매우 높고, 새끼 고양이에서 치사율이 매우 높다. 백신접종으로 예방이 가능하므로, 백신 접종이 완료되지 않은 새끼 고양이나 백신 접종을 하지 않은 성묘에서 흔히 발생한다.

원인

고양이 파보바이러스(feline panleukopenia virus 또는 feline parvovirus, FPV)는 개 파보바이러스성 장염을 일으키는 제2형 개 파보바이러스와 유사하다. 이 바이러스는 주로 코나 입을 통해 감염되지만 임신한 고양이가 감염되었을 경우, 태반을 통해 자궁 내 태아를 감염시킬 수 있고 출생 후 모유를 통해서도 감염시킬 수 있다. 고양이 몸 속으로 감염된 후 2~7일이 지나면 골수와 장까지 바이러스가 침범하여 골수 내 백혈구 생성을 억제하고, 장내 세포를 파괴함으로써 증상을 보이게 된다. 감염된 고양이는 회복 후에도 최대 6주 동안 대소변, 타액, 구토물을 통해 바이러스 입자를 배출하므로, 이들과 접촉이 가능한 환경이거나, 면역력이 약한 고양이는 쉽게 전염될 수 있다.

무증상인 경우부터, 경증에서 중증까지 증상은 다양하다. 일반적으로 다음과 같은 증상이 나타난다.

- 혼수
- 우울증
- 구토 및 설사(가끔 출혈성)
- 복부팽만 및 통증
- 탈수
- 발열
- 식욕부진 및 체중감소

일반적으로 예방접종이 부적절하게 실시된 고양이에서 관련된 임상증상과 혈액검사에서 백혈구감소증 소견을 보일 경우 감염을 의심해볼 수 있다. 바이러스 검출을 위해 개 파보바이러스성 장염 진단을 위한 대변용 항원 검출 키트 또는 고양이 범백혈구바이러스 항원키트를 이용해 검사해볼 수 있다(그림 1.1). 그러나, 일반적으로 대변용 항원은 감염 후 짧은 시간 동안만 검출되므로, 위음성 결과가 나올 수도 있다. 살모넬라증, 고양이 백혈병바이러스, 고양이 면역결핍바이러스 감염과 감별진단이 필요하다.

치료는 대증요법이며, 탈수가 심할 경우 신속한 수액 처치를 통해 수분 및 전해질 교정이 필요하고 포도당을 보충하는 것이 중요하다. 2차 감염에 대비하여 항생제 처치를 추가할 수 있으며, 빈혈이 있을 경우 수혈을 해야할 수도 있다.

감염된 개체에서 배출된 바이러스는 여러 매개물에 의해 환경에 퍼져있게 되어 자유롭게 돌아다니는 고양이는 생후 1년 이내 바이러스에 노출되기 쉽다. 이 질병은 백신을 접종하지 않은 1년령 이하의 고양이에서 흔히 발생하므로, 백신 접종이 매우 중요하다. 바이러스는 6% 차아염소산나트륨 (sodium hypochlorite)과 같은 가정용 표백제나, 과산화수소황산칼륨(potassium peroxymonosulfate)과 같은 일반적인 소독제에 10분 이상 노출되면 쉽게 파괴되므로, 주변 환경을 깨끗이 하고 소독하는 것이 예방을 위해 중요하다.

그림 1.1 고양이 범백혈구바이러스 항원 키트 양성(두 줄) 소견

1.2 전염성 복막염(Feline Infectious Peritonitis)

특징

고양이 전염성 복막염((Feline infectious peritonitis, FIP)은 코로나바이러스(coronavirus)에 의한 감염으로 발생하는 질병이다. 중추신경계를 포함하여 전신 감염을 일으키기 때문에, 여러 질병의 증상과 유사하므로, 진단하기에 매우 어려울 수 있다.

대부분의 고양이에서는 감염된 후 7~10일 이내 몸 속에서 코로나 바이러스에 대한 항체를 만들어내는 면역반응이 일어나므로, 심각한 질병을 일으키지는 않고, 경미하거나 일시적으로 설사, 상부 호흡기 증상을 나타낸 후 자연적으로 회복될 수 있다. 그러나, 가끔 변종 바이러스에 의해 전신으로 감염이 퍼지게 되면, 주로 신장을 포함한 복부 장기 또는 중추신경계에 강력한 염증 반응을 보이게 된다. 심각한 염증을 보이기 시작하면, 특별한 치료법이 없는 이 질병은 진행성으로 악화되기 때문에, 종종 안락사를 권하기도 한다.

원인

코로나바이러스(coronavirus)의 특정변종으로, 사람에게 COVID-19를 유발하는 코로나바이러스와는 다른 형태이다. 즉, 사람이나 다른 종에게 감염을 일으키지는 않는다. 코로나바이러스에 감염된 고양이의 약 10%에서 이 바이러스가 증식하면서 돌연변이를 일으켜, 전신에 감염을 일으키는 고양이 전염성 복막염바이러스(FIPV)가 된다고 알려져 있다.

임상증상

FIP는 간, 신장, 췌장, 중추신경계 등 바이러스가 침범한 조직에 따라 황달, 과도한 갈증, 구토, 체중감소 등 다양한 증상을 보일 수 있다. 그러나, 다음과 같은 두 가지 형태로 분류하여 증상을 구분할 수 있다.

- 습성(삼출성) FIP: 복부 팽만 및 복수 증상을 보이며, 심장과 폐에 영향을 끼친다. 고양이는 빠르게 호흡하거나, 무기력하게 보일 수 있다.
- 건성(비삼출성) FIP: 일반적으로 눈에 영향을 미치며, 똑바로 일어서서 걷지 못하거나, 발작과 같은 신경장애를 일으킨다.

그림 1.2 전염성복막염 : 구강의 빈혈과 황달 소견 및 복수(부검)

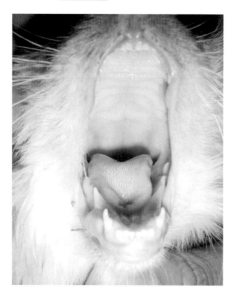 

진단 · 치료 · 예방

습성, 건성 증상을 각각 또는 모두 보일 수 있으며, 증상이 매우 다양하기 때문에, 임상증상으로는 FIP를 진단할 수는 없다. 복수나 흉수검사에서 단백질 수치의 증가(종종 노란색을 띔)를 확인할 수 있으며, 방사선 촬영검사 및 초음파검사를 해 볼 수 있다. FCoV(FIP) 항체검사 키트 및 PCR을 통해 직간접적으로 바이러스 감염 유무를 확인해볼 수 있다.

알려진 치료방법은 없으며, 수액요법과 같은 대증요법을 수행할 수 있다. 백신에 대한 효과도 정확히 알려진 바가 없기에, 미국 고양이 수의사 협회(American Association of Feline Practitioners)에서는 백신을 모든 고양이에게 권장하지 않는다. FIP는 고양이 코로나바이러스가 돌연변이를 일으켜 발생하므로, 고양이 코로나바이러스 감염을 예방하는 것이 제일 중요하며, 평소 면역력을 높이고, 주위 환경을 깨끗이 유지하도록 하는 것이 좋다.

1.3 백혈병 바이러스 감염증(Feline Leukemia)

특징

고양이 백혈병 바이러스 감염증(Feline leukemia)은 고양이 백혈병 바이러스 (Feline leukemia virus, FeLV) 감염에 의해 발생하는 질병이다. 미국 내 고양이의 약 2~3%에서 발생한다는 보고가 있을 만큼 흔한 질병이며, 현재 광범위한 예방 접종으로 인해, 점차 발생률이 줄어들고 있지만, 야외 생활을 하는 고양이에서는 여전히 흔히 발생하고 있다. 백혈병 바이러스는 골수, 림프조직 등 고양이 혈액 세포(적혈구, 백혈구, 혈소판)를 공격한다. 면역체계가 파괴되어 전신 감염을 일으킬 수 있고 림프종 등과 같은 암을 일으킬 수도 있다.

원인

FeLV는 레트로바이러스(retrovirus)의 일종으로, 주로 타액을 통해 전염된다. 감염된 어미로부터 태반을 통해 새끼에 전염될 수 있다. 이 바이러스는 환경 저항성이 높지 않으므로, 고양이끼리 직접 접촉을 통해 주로 전파된다. 즉, 물림, 그루밍, 교미, 음식물 등을 통해 쉽게 감염될 수 있다. 처음에 입을 통해 들어가 편도에 머물러 있으므로, 고양이의 면역체계가 감염에 저항하거나, 바이러스를 무력화시켜 증상이 나타나지 않을 수 있다. 그러나, 바이러스가 골수 내로 침범할 경우 제거할 수 없으며, 평생 체내에 남아, 고양이가 질병이나 약물치료로 면역력이 억제된 경우 바이러스가 재활성화되어 증상이 나타날 수 있다. FeLV는 사람, 개 등 다른 동물 종으로는 전염되지 않는다.

임상증상

주로 혈액 세포의 파괴로 인해 발생하는 것으로, 면역력이 높은 고양이의 경우 무증상을 보일 수 있고, 시간이 지남에 따라, 암이 발생할 수 있다.

가장 흔한 임상 증상은 다음과 같다.

- 빈혈(창백한 잇몸)

- 식욕감소 및 체중 감소

- 푸석푸석한 털

- 치은염 및 구내염

- 발열

- 림프절 비대

- 설사

- 피부, 눈, 호흡기, 요로 감염 증상

진단 · 치료 · 예방

혈액을 통한 바이러스 항원키트 검사를 수행하여 진단할 수 있다. 특별한 치료법은 없으며, 이 질병으로 발생할 수 있는 2차 감염 치료와 같은 관리에 집중해야 한다. FeLV에 감염된 고양이는 피부, 상부호흡기, 눈, 요로감염이 자주 발생하므로, 이러한 질병을 치료한다. 이 질병에 걸린 고양이의 평균 생존율은 약 3년 미만으로, 야외활동을 자제하고 남은 기간 동안 관리가 필요하다. 생후 1년 내 예방접종을 실시하는 것이 좋다.

1.4 면역결핍바이러스(Feline Immunodeficiency Virus) 감염증

특징

고양이 면역결핍바이러스(Feline immunodeficiency virus, FIV)는 인간 면역결핍

바이러스(human immunodeficiency virus, FIV)와 많은 유사성을 지닌 렌티바이러스(lentivirus)이다. 고양이는 사람보다 더 이전부터 이 바이러스에 감염되어왔고, 시간이 지남에 따라 바이러스 독성이 크게 감소되었다. 감염은 주로, 바이러스가 포함된 타액과 접촉하거나 싸움 등과 같이 직접적인 접촉에 의해, 체내 유입되어 발생한다. 따라서, 야외생활을 주로 하고, 중성화하지 않은 수컷 고양이에서 유병률이 높다. 새끼 고양이는 태반이나 모유를 통해 어미로부터 전염될 수 있으므로, 감염된 고양이의 번식은 금지한다. 감염되면 1차적으로 일시적인 발열, 림프절 비대증, 림프구 감소증을 보이다가 수년 동안 무증상 단계로 접어들게 된다. 체내 바이러스 수준은 매우 낮게 유지되지만 점차 고양이의 면역 체계에 장애를 일으키며, 만성 또는 재발성 감염을 일으키게 된다. FIV는 사람, 개 등 다른 종에게는 감염을 일으키지 않는다.

원인

렌티바이러스(lentivirus) 속의 고양이 면역결핍바이러스(FIV)가 원인이다. 물린 상처 등을 통해 전염된다. 그 외 수혈, 치과 및 수술 장비, 부적절한 멸균 등 의원성으로도 발생할 수 있다.

임상증상

초기 감염 후 급성기 증상을 다소 보이다가, 수년 간의 잠복 감염 이후 후천성 면역결핍 증후군을 보이고, 말기 증상을 보인다. 이 바이러스는 고양이의 면역체계에 영향을 끼치므로, 2차 감염 유무에 따라 발열, 혼수, 림프절 비대, 타액분비과다, 체중감소, 식욕감소, 설사, 유산, 결막염이나 포도막염과 같은 눈의 재발성 감염, 허약, 발작, 행동변화, 림프종, 백혈병 등 다양한 증상을 보일 수 있다.

초기 감염 후 단계에 따른 특징은 다음과 같다.

- 급성기: 초기감염 후 1~3개월 지속, 무기력, 발열, 림프절 비대
- 잠복기: 수 개월~수 년, 무증상
- 고양이 후천성면역결핍증 시기: 수년 후, 면역저하로 2차 감염 발생, 이에 따른 증상발현
- 말기: 중증 감염, 암, 신경질환, 면역매개 질환을 보이며, 예후는 2~3개월 정도

진단·치료·예방

혈액을 통한 바이러스 항체검사로 진단할 수 있다. 고양이가 실외생활을 하거나, 바이러스에 걸린 고양이와의 접촉이 의심스러울 경우 매년 검사를 반복해서 수행하도록 한다. FIV 감염은 다른 질병에 대한 감수성을 증가시키므로, 감염된 2차 질병에 따라 치료와 예후는 달라진다. 질병 자체에 대한 효과적인 치료법은 없으므로, 예방접종, 실내생활, 새로운 고양이와 거리두기 등을 통해 질병에 걸리지 않도록 미리 조심하는 것이 좋다.

1.5 | 고양이 허피스바이러스(Feline herpersvirus) 감염증

특징

고양이 허피스바이러스-1(feline herpersvirus-1, FHV-1)은 주로 상부 호흡기와 눈에 감염을 일으키는 바이러스이다. 감염된 구강, 코, 눈 분비물과 직접 접촉을 통해 전염된다. 감염된 고양이는 24시간 내 FHV-1을 배출하여 다른 고양이에 전염시킬 수 있다. 어린 고양이에서 흔히 감염되지만 모든 연령의 고양이에서 감염될 수 있고, 특히 야외생활을 주로 하는 고양이에서 발생률이 높다.

고양이 허피스바이러스는 코 내막, 편도, 결막, 각막에 침범하여 감염 직후부터 바이러스를 계속해서 복제한다. 재채기와 콧물을 통해 배출되어 다른 고양이에 전파된다. 밀접한 직접 접촉으로 전염되며, 조기에 치료하지 않으면, 바이러스가 코, 입과 관련된 뼈까지 침투할 수 있다.

임상증상

임상증상은 재채기, 콧물, 발열, 식욕저하, 기침과 같은 상기도 감염증상과 함께, 눈 분비물 증가, 결막염, 각막궤양 등 눈 질병을 나타낼 수 있다. 그 외 얼굴 주변 피부의 홍반, 부종, 딱딱해짐, 탈모 등의 병변이 발생할 수 있다.

그림 1.5 고양이 허피스바이러스감염증

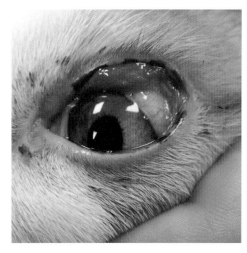
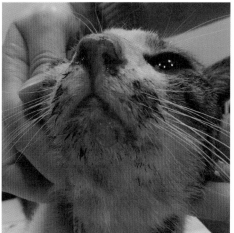

진단・치료・예방

입, 눈 부위의 분비물을 면봉으로 채취하거나, 생검을 통해 PCR검사로 확진할 수 있다. 활동성 감염 상태와 잠복 상태를 구분할 수는 없다. 즉, 양성인 경우, 바이러스 보균자이거나 예방접종을 받았거나, 활성 감염 상태일 수 있다. 임상증상, 병력을 기반으로 진단해야 한다. 치료는 질병의 중증도, 백신접종 유무, 연령, 건강 상태에 따라 달라진다. 특정 치료법은 없으며, 심각한 경우 팜시클로버(famciclovir)와 같은 사람의 항바이러스제가 도움이 될 수 있다. 이 약물은 임상증상을 완화하고, 고양이의 분비물에서 바이러스 배출을 감소시켜줄 수 있다.

FHV-1에 감염된 고양이의 증상을 완화시키고, 폐렴이나 코와 눈 주위 병변을 감소시키는 것이 치료의 목적이다. 수액을 충분히 공급하고, 코와 눈을 정기적으로 세척하여, 증상이 악화되는 것을 막고, 면역 보충제 투여 등으로 바이러스 복제 능력을 감소시킬 수 있다. 2차 세균감염이 있는 경우 항생제 처치를 한다. 초기 치료 시 10~14일 이내 회복하게 되지만, 면역력이 약하거나, 새끼고양이의 경우 폐사할 수도 있다. 얼굴의 기형이나 흉터가 남을 수도 있으며, 만성적인 비강질환, 재발성 감염 등의 후유증이 남을 수 있다.

증상이 있는 고양이는 격리해야 하며, 공용 공간이나 물품을 청결하게 유지해야한다. 고양이 허피스바이러스, 칼리시바이러스, 범백혈구감소증 바이러스를 예방하기 위한 혼합백신을 이용할 수 있다.

1.6 | 고양이 칼리시바이러스(Feline Calicivirus) 감염증

특징

고양이 칼리시바이러스(Feline calicivirus, FCV)는 전염성이 높고, 감염된 고양이에서 주로 구강 내 궤양 또는 상기도 감염증상을 일으킨다. 감염되면 일반적으로 감기와 유사한 증상을 보이지만, 새끼 고양이의 경우 심각한 폐렴을 일으킬 수 있고, 그 외 관절 또는 기타 장기의 손상도 일으킬 수 있다. 일부 고양이에서는 무증상으로 나타날 수도 있다. 이 감염증은 보호소나 사육시설 등 주로 여러 마리가 함께 사육되는 환경에 사는 고양이에서 흔히 발생하며, 새끼 고양이나 면역력이 약한 고양이가 감염되기 쉽다.

원인

그림 1.6-1 고양이 칼리시바이러스(전자현미경 사진)

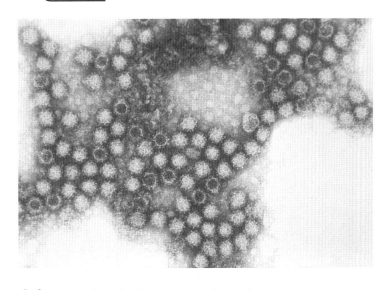

출처: From Wikimedia Commons, the free media repository

베지바이러스(Vesivirus) 속인 FCV는 전자현미경상에서 컵 모양 함몰형태로 보여 그리스어로 컵이나 잔을 의미하는 꽃받침(calyx)에서 이름을 따왔다(그림 1.6-1). 바이러스는 감염된 고양이의 코, 입, 눈의 분비물을 통해 배출되고, 이 분비물에 직접 또는 간접적으로 오염된 물체(자동차, 음식, 물그릇, 기타 생활용품 등)와 접촉을 통해 다른 고양이에게 전파된다. FCV가 고양이 체내로 들어가면, 코, 목, 입, 편도선을 주로 침범하고, 일부 돌연변이가 일어나면 폐, 관절, 신장까지 심한 감염을 일으킬 수 있다.

일반적으로 바이러스에 감염되고 2~6일 후부터 임상 증상이 나타난다. 일부 고양이는 무증상일 수 있고, 경증에서 중증까지 다양한 증상을 나타내며, 심각할 경우 폐사할 수도 있다. 가벼운 증상으로는 재채기, 콧물, 코 표면 궤양, 결막염, 눈물 분비량 증가 등이 있다. 그 외 구강 내 궤양 또는 이로 인한 식욕부진, 극심한 통증(입에 거품을 물거나, 침분비 과다), 발열, 혼수, 탈수, 호흡 곤란을 동반한 폐렴, 관절 염증으로 인한 파행 등 심각한 증상을 일으킬 수 있다.

그림 1.6-2 고양이 칼리시바이러스 감염증

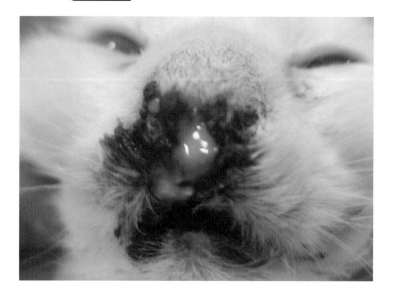

전혈구수(CBC) 및 혈액생화학검사를 통해 전반적인 신체 상태를 확인하고, 기침 등 호흡기 증상 소견이 있는 경우 흉부 방사선 검사를 수행한다. 혈액을 통한 FCV 항체가검사 또는 혈액 및 분비물에서 PCR검사를 수행하여 진단할 수 있다. 많은 고양이가 FCV 보균자이며, 바이러스가 검출되었다고

해서 반드시 임상증상이 나타나는 것은 아니다. 구강이나 비강 내 궤양이 있는 경우 고양이는 극심한 통증을 느끼게 되므로 진통제 투여가 필요하다. 2차 감염을 치료하기 위해 항생제를 처방할 수 있으며, 염증과 발열 조절을 위해 비스테로이드성 항염증제를 사용할 수 있다. 탈수가 심한 경우 수액 처치를 통해 수분과 전해질을 보충하도록 한다. 수액은 해열작용에도 도움이 될 수 있다. 대부분의 고양이는 7~10일 이내 회복되지만, 장기간에 걸쳐 바이러스를 보균하며, 구강 및 비강 분비물에서 바이러스를 배출할 수 있다. 만성 보균자가 된 고양이는 구강 염증(치은염 및 구내염)이 반복해서 일어날 수 있다. FCV는 전염성이 높으므로, 야외생활이나 여러 마리 사육 시 접촉을 최소화하고, 백신을 접종하는 것이 좋다.

2. 소화기 질환

Gastrointestinal Disease

2.1 | 선형 이물(Linear Foreign Bodies)

특징

고양이는 일반적으로 개에 비해 이물을 섭취하는 경우가 흔하지 않다. 하지만 비교적 젊은 연령(6개월~5년령)에서는 선형 이물에 관심을 보이고 또 삼키는 경우가 적지 않다. 선형 이물은 그 모양 때문에 소화기관의 부분적 폐쇄를 일으키고 비선형 이물의 경우처럼 완전 폐쇄을 일으켜 가스나 체액으로 인한 장관의 팽창은 심하지 않다. 위장관의 연동운동 때문에 선형 이물을 항문 방향으로 밀어내려고 하지만 구강 방향의 한쪽 끝이 고정되어 있는 경우가 많기 때문에 선형 이물은 팽팽하게 되고 장의 연동운동 때문에 장은 이물질을 따라 모여 주름진 모양을 만들게 된다. 이런 상태로 시간이 경과하면 선형 이물은 장벽에 박히거나 궤양을 유발하고 천공이 발생하여 심각한 염증과 복막염을 유발하게 된다. 수술적으로 제거하더라도 장의 운동성과 기능에 영향을 줄 수 있다.

얇고 길이가 긴 선형 이물질(실, 끈, 장식용 반짝이 줄 등)

• 구강 주변의 선형 물체

• 무기력, 불편함, 숨어서 나오지 않음

• 구토, 탈수, 식욕부진, 복통/복압증가

• 합병증이 발생하면 기력저하, 고열

그림 2.1 선형 이물에 의한 장주름과 구강의 선형 이물 확인

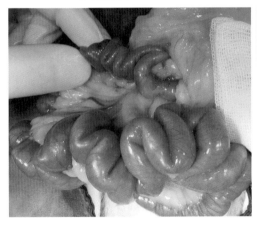

고양이의 경우 선형 이물을 먹다가 구강이나 목에 걸리는 경우가 많기 때문에 철저한 신체검사가 필수적이다. 특히 혀 밑부분과 복부 촉진도 확인하여야 한다. 신체검사 도중 구강에서 발견했다 하더라도 절대로 잡아 당겨서 제거하면 안된다.

영상촬영(X-ray, 초음파)을 통해서 직접적인 선형 이물을 확인할 수는 없지

만, 이로인한 장폐쇄나 장중첩을 의미하는 징후를 확인할 수 있으며, 초음파로는 이물이 확인되기도 한다.

선형 이물을 제거하기 위해서는 수술적 접근이 필요하다. 수술 전에는 고양이의 건강상태 및 합병증 유무를 확인하기 위해서 혈액 검사 및 기타 필요한 검사를 실시한다. 선형 이물을 찾아 바로 당겨서 제거하면 연부조직이 절단되거나 천공될 가능성이 높기 때문에 다양한 수술적 방법이 적용된다. 수술 후 적절한 통증관리, 영양공급, 수액 및 약물처치를 실시하고 특히 메스꺼움을 줄이고 위장관의 운동성을 유지시켜주는 약물이 필요하다. 수술 부위가 치유되는데 10~14일이 소요되므로 이 기간에는 안정을 취해야 한다.

조기에 발견하여 신속히 수술적으로 선형 이물을 제거하면 예후는 좋다. 기간이 오래되어 장폐쇄나 장천공이 발생하면 복막염이나 장 조직의 괴사가 발생해 예후는 매우 좋지 않다.

고양이는 반짝이거나 실 같은 재질을 좋아해 관심을 가지고 먹는 경우가 많으므로 이러한 물질은 주변에서 치우는 것이 좋다. 한번 선형 이물을 먹은 고양이는 추후에 또 선형 이물을 먹는 경우가 자주 있기 때문에 특별한 주의가 필요하다.

2.2 세동이염(Triaditis)

특징

고양이 세동이염이란 담관간염(cholangiohepatitis), 췌장염(pancreatitis), 염증성 장질환(inflammatory bowel disease)이 함께 발생하는 질환으로 세 가지 모두 발병하거나 두 가지만 나타나는 경우도 있다. 이러한 이유는 간, 췌장, 장의 물리적 위치(담관과 췌관의 위치가 하나의 관으로 연결되어 십이지장에서 개구됨) 때문으로 추측하고 있지만 세 질병 간의 인과관계는 아직 명확하지 않으며, 품종 소인이나 유전적 소인은 아직 보고되지 않았다. 세 질병 모두 전 연령에서 나타날 수 있으나 담관간염은 중년에서 노령 고양이에서 흔하게 나타난다.

원인

세가지 질병을 일으키는 각각의 원인이 다수 존재하기 때문에 매우 다양하다.

- 담관간염: 지방간, 바이러스, 세균감염, 독소, 당뇨병, 갑상선기능항진증 등
- 췌장염: 세균감염, 독소, 외상, 바이러스, 약물 등
- 염증성 장질환: 특발성, 식품 알러지, 장내 기생충, 비타민 결핍, 세균감염, 독소, 자가면역질환 등

임상증상

매우 다양한 증상을 보일 수 있으며 경증에서 중증까지 다양하게 나타난다.

- 식욕부진, 구토, 설사, 발열, 복통
- 황달, 복부 팽대, 체중감소, 다음, 다뇨

진단 · 치료 · 예방

- 확진을 위해서는 각 장기(간, 췌장, 십이지장)의 생검이 필요하지만 생검을 위한 조직 채취가 쉽지 않기 때문에 실험실적 검사(CBC, 혈액화학검사, 요검사)와 영상검사(X-ray, 초음파, 컴퓨터단층촬영)를 통해 진단한다. 다른 질병(갑상선기능항진증, 신부전, 위장관 림프종 등)과 감별하기 위한 검사도 필요하다.
- 고양이 세동이염을 치료하기 위해서는 세 가지 질병에 맞는 적절한 치료를 실시해야 한다. 증상의 정도에 따라 외래 또는 입원하여 치료하는데,

담관간염에는 간/담낭 보호제, 항생제 등이 필요하고, 염증성 장질환에는 필요에 따라 코르티코스테로이드, 비타민, 면역억제제가 필요할 수 있다. 공통적으로는 대증요법으로 진통제, 항구토제, 수액요법, 영양공급을 적절하게 실시해야 한다. 식욕이 많이 저하된 경우, 방치하게 되면 지방간으로 진행되어 회복이 더 힘들 수 있다. 필요에 따라 식욕 촉진제를 투여하거나 비강-식도 튜브 또는 식도 튜브를 장착해 영양공급을 한다.

- 세 가지 질병이 경증으로 조기에 발견된다면 예후는 좋은 편이지만, 질병이 만성화되고 서서히 진행되어 발견될 당시 중증이라면, 예후가 좋지 않을 수 있다.

- 고양이 세동이염을 예방하는 특별한 방법은 없지만, 정기적인 백신과 건강검진을 통해 질병을 조기에 발견하는 것이 중요하다. 독성 물질(특정 꽃이나 식물, 사람용 약물 등)이나 약품에 대한 노출을 최소화하는 것이 도움이 된다.

2.3 | 지방간(Hepatic Lipidosis)

> 특징

간성 지질증으로도 알려진 지방간 질환은 고양이가 다양한 원인에 의해 며칠 동안 밥을 먹지 못하여 발생한다. 이러한 상태가 지속되면 체내의 에너지 부족을 보충하기 위해서 말초에 저장된 지방이 간으로 이동해 베타 산화(beta-oxidation) 현상이 나타난다. 이때 간세포에 트리글리세라이드(triglyceride)라는 지방이 과도하게 축적되어 혈류의 독소제거, 특정 단백질 및 지방 합성, 주요 에너지원인 글리코겐의 저장, 지방 소화에 도움이 되는 담즙 생성 등과 같은 간 기능이 저하되기 때문에 치료하지 않고 방치될 경우 치명적일 수 있다. 과체중인 고양이는 절식상태가 지속되면 체내 존재하는 지방이 과도하게 간으로 이동하여 처리되기 때문에 지방간 질환에 걸릴 위험이 더 높다.

원인

식욕부진 또는 식욕절폐가 직접적인 원인이지만 이를 유발하는 다양한 기저질환이나 환경적인 이유가 있을 수 있다.

- 기저질환: 당뇨병, 갑상선 질환, 췌장염, 신장 질환, 지방간과 무관한 다른 간 질환 등
- 환경변화: 식단의 갑작스런 변화, 거주지의 변화(이사, 실내외 이동), 가족 구성원의 변화(늘어나거나 줄어듦), 이동 등

임상증상

급격한 체중감소, 식욕저하, 거식증, 기력저하, 우울, 탈수, 구토, 유연 황달

진단·치료·예방

- 지방간 질환을 진단하기 위해서 기본적인 혈액검사와 X-ray, 초음파 검사, 간 세침흡인술, 간생검이 필요하다. 또한 기저질환을 확인하기 위해 갑상선 호르몬, fPLi, SDMA 항목 등을 추가로 검사할 필요가 있다.
- 지방간을 치료하기 위해 수분공급과 비타민, 영양공급이 필수이다. 입원 치료를 통해 탈수와 전해질 불균형을 교정하고 비강-식도튜브 또는 식도 튜브를 장착하여 위장관에 직접 영양 공급할 통로를 만든다. 어느 정도 안정적으로 음식을 투여하게 되면 외래환자로 전환하여 통원치료가 가능 하다. 환자가 음식에 관심을 보이고 먹기 시작하면 영양공급관으로 급여

하는 사료의 양을 서서히 줄여서 제거한다.

- 조기에 발견하여 신속하게 치료하면 예후는 좋지만 기저질환이 발견되었다면 함께 치료하는 것이 중요하고 기저질환의 유무에 따라 예후가 달라진다.

- 지방간을 예방하기 위해서 가급적이면 예상할 수 있는 스트레스 요인은 줄여주는 것이 좋다. 정기적인 건강검진을 통해 다른 질병을 조기에 발견하여 식욕부진이나 거식증이 발생하지 않도록 보살피는 것이 중요하다. 과체중인 경우에는 식단관리를 통해 체중을 조절해야하고, 사료의 종류나 양을 바꿀때에는 점진적으로 실시하는 것이 좋다.

2.4 염증성 장질환(Inflammatory Bowel Disease)

특징

염증성 장 질환(inflammatory bowel disease, IBD)은 고양이의 위, 소장 또는 대장에 염증을 유발하는 만성 질환으로 세균, 기생충, 음식에 포함된 단백질 입자 등에 알려지 또는 과민반응으로 발생하는 자가면역 질환 중 하나이다. IBD가 발생한 소화기 부위와 그 부위에서 발견되는 염증세포의 유형에 따라 다양한 형태로 나타난다. 가장 대표적으로 림프구성 형질세포성 장염(lymphocytic plasmacytic enteritis)이 있는데, 이는 림프구와 형질세포가 소장에 침범하여 염증을 유발하는 경우이다. 이외에도 호산구성(eosinophilic), 호중구성(neutrophilic), 육아종성(granulomatous)이 있다. 경우에 따라서는 간과 췌장을 포함하여 다른 복부 장기에도 염증이 병발할 수 있다. 전 연령의 고양이에서 IBD가 나타날 수 있지만 보통 중년 이상의 고양이에서 자주 발생한다.

정확한 원인은 밝혀져 있지 않지만, 현재까지 밝혀진 바에 의하면 면역체계, 음식, 장내 세균총 및 기타 환경 요인 간의 복잡하고 비정상적인 상호작용으로 나타나는 것으로 추정하고 있다.

- 세균에 대한 과민증
- 음식 알러지(육류 단백질, 식품 첨가물, 인공 색소나 방부제, 우유 단백질 및 글루텐)
- 유전

질병의 심각도와 염증이 발생한 병변의 위치에 따라 달라질 수 있지만 일반적으로 다음과 같은 증상을 보인다.

- 체중감소
- 구토
- 설사(주로 만성)
- 혈변
- 식욕감소
- 무기력
- 통증

IBD의 증상은 다른 고양이 질병에서 나타나는 증상과 유사한 부분이 많기 때문에 전체적인 검진이 필요하다. 당뇨병, 갑상선기능항진증과 같은 대사성 질환, 고양이 백혈병, 기생충 또는 세균 감염, 소화기 림프종과 같은 종양 등을 확인하기 위해 기본 혈액검사, 소변검사, 대변검사, X-ray, 복부 초음파 검사를 실시한다. IBD에서 나타나는 비타민 B_{12}, 엽산 결핍을 확인하는 검사와 식품 알러지를 확인하기 위한 식이제한 검사도 필요하다. 확진을 위해서 위나 장을 생검하고 이를 조직학적으로 평가해야 한다.

원인이 복합적인 경우가 많기 때문에 식이조절과 약물치료를 병행하는 경우가 많다. 저자극성 처방식(접해본적이 없는 단백질이나 탄수화물 공급원, 가수분해 처리)으로 식이를 바꾸고 항생제(메트로니다졸), 면역억제제(코르티코스테로이드, 클로람부실, 아자티오프린) 등을 투여하면서 약물반응과 부작용을 잘 관리한다. 프로바이오틱스(prebiotics)나 차전자피(psyllium)와 같은 수용성 섬유질, 비타민 B_{12}, 엽산을 공급해주는 것도 도움이 된다.

대부분의 IBD는 완치가 불가능하지만 적절하게 관리하여 삶의 질을 높일 수 있다. 평생 관리가 필요한 경우가 많기 때문에, 적절한 식단과 약물을 병행하며 정기적인 모니터링이 필수적이다. 이를 통해 재발을 확인 하고 장기적인 약물 투여시 나타날 수 있는 부작용을 줄이도록 한다.

3. 비뇨기 질환
Diseases of the Urinary System

고양이 하부비뇨기계 질환(Feline Lower Urinary Tract Disease)

특징

고양이 하부비뇨기계 질환(FLUTD)은 고양이의 하부 비뇨기, 즉, 방광과 요도에 발생하는 다양한 질병 상태를 지칭하는데 사용하는 포괄적인 용어이며, 관련된 질병에는 방광결석, 비뇨기감염증, 방광종양 등이 있다. 임상 증상을 가지고 있지만 검사를 통해 진단이 명확하지 않은 경우, 고양이 특발성 방광염(feline idiopathic cystitis, FIC)이라고 한다. 하부비뇨기계 질환이 요도 폐쇄를 동반하고 있으면 생명을 잃을 수 있기 때문에 신속하게 치료하여야 한다. 모든 연령대에서 발생할 수 있지만 어리거나 중년령에서 자주 관찰된다. 운동을 거의 하지 않고, 실내 생활을 하는 과체중 고양이에서 자주 나타나고, 새집으로의 이사, 다묘 가정, 식구나 동거묘의 변화와 같은 잠재적인 스트레스 요인도 FLUTD의 위험 요인이 될 수 있다.

고양이 하부비뇨기계 질환의 일반적인 원인은 결석, 감염, 요도 폐쇄, 고양이 특발성 방광염, 종양, 해부학적 이상, 외상, 척수 손상 등이 있다.

비뇨기 결석은 방광 또는 요도에 형성되어 소변의 배출 통로를 막거나 자극을 유발한다. 다양한 미네랄 성분이 있으나 스트루바이트(struvite)와 칼슘옥살산염(Ca oxalate)이 가장 흔하다. 확인하기 위해서는 방사선/초음파 검사, 소변검사가 필요하며 경우에 따라 결석성분검사도 실시한다.

비뇨기 감염은 개에 비해서 흔하지 않지만, 세균, 곰팡이, 기생충, 바이러스에 감염되어 발생할 수 있다. 단독으로 발생하기 보다는 노령묘에서 신장질환이나 당뇨병과 같은 다른 전신질환과 병발하여 나타날 수 있으며, 소변검사, 소변배양을 통해 확인한다.

요도폐쇄는 고양이 하부비뇨기계 질환의 가장 심각한 원인이며, 생명에 지장을 줄 수 있다. 소변을 거의 배출하지 못하기 때문에 노폐물이 축적되고 수분 및 전해질 균형을 조절할 수 없다. 배출되지 못한 소변으로 수신증이 발생하고 신장이 손상된다. 적절하게 치료하지 않으면 소변이 배출되지 못하고 곧 생명을 잃게 되며 보통 1~2일 이내에 발생한다. 이는 암컷보다는 요도가 더 길고 좁은 수컷에서 더 문제가 된다. 폐쇄를 유발하는 주요 원인은 요도 플러그(urethral plug)라고 하는 세포, 미네랄 성분, 점액 유사 단백질이 서로 붙어 있는 덩어리이다. 비뇨기 결석이 요도를 막을 수도 있다.

고양이 특발성 방광염은 간질성 방광염(interstitial cystitis)이라고도 알려져 있으며 10살 미만의 고양이에서 하부비뇨기계 질환의 가장 흔한 원인이다. 정확한 원인은 밝혀져 있지 않지만 만성 스트레스나 불안과 같은 것이 중요한 요소인 것으로 추정하고 있다. 염증물질과 소변에 존재하는 미네랄 성분으로 인해 수컷에서 요도폐쇄가 더 잘 발생한다. 대부분의 특발성 방광염은 요도 폐쇄만 없다면 특별한 치료가 없어도 약 7일 이내에 호전되는 경우가 많다. 하지만 1~2년 이내에 다시 재발하는 경우가 비교적 흔하다.

- 통증배뇨, 빈뇨, 혈뇨, 화장실 밖에 배뇨

- 생식기 또는 주변을 과도하게 핥음

- 배뇨장애, 요도폐쇄(핍뇨 또는 무뇨)

그림 3.1-1 고양이 하부비뇨기계 질환에 의한 요도폐쇄(요도 플러그)

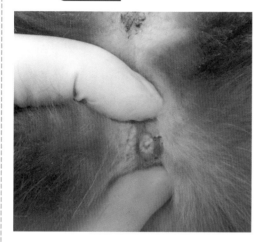 

그림 3.1-2 고양이 하부비뇨기질환에 의한 혈뇨

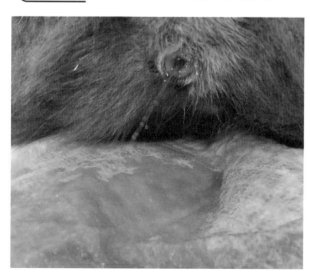

- 스트루바이트(struvite)나 칼슘 옥살산염(Ca oxalate)과 같은 흔한 비뇨기 결석을 평가하기 위해 방사선 검사가 필요하고, 세균성 방광염을 평가하기 위해서 소변검사와 소변배양이 필요하다. 방광의 종괴나 결석을 확인하기 위해 초음파 검사를 실시한다. 경우에 따라서 조영제를 이용한 조영검사나 비뇨기 내시경 검사도 사용한다.

- 고양이 하부비뇨기계 질환의 치료는 근본 원인에 따라 다르다. 비뇨기에 결석이 있는 경우는 그 크기에 따라 수술적으로 제거하거나 처방식 및 물 섭취량을 늘리는 방법을 사용하고, 세균 감염 여부에 따라 항생제를 사용한다. 요도폐쇄가 있는 경우, 신속히 소변을 배출시키기 위해 요도를 막고 있는 물질을 제거하고 요도카테터를 장착한다. 수분 및 전해질 이상은 수액치료로 교정하고 필요에 따라 진통제 및 결석 용해를 위한 처방식을 사용한다. 이러한 치료에도 불구하고 계속 폐쇄가 재발되는 수컷의 경우, 회음부 요도 절개술을 고려하여 요도를 넓혀 향후 다시 요도가 막힐 가능성을 줄일 수 있다. 특발성 방광염의 경우, 특별한 치료제가 없으며, 방광염을 촉발시킨 스트레스 요인(예: 환경 변화)을 개선시키거나, 비만이나 다른 전신질환과 같은 환자 요인을 찾아 해결한다. 이를 통해 특발성 방광염의 향후 발생 빈도와 심한 정도를 줄일 수 있다.

- 고양이 하부비뇨기계 질환은 재발이 잘 되는 질병이기 때문에 앞서 언급된 치료 계획에 맞추어 관리 방법을 설정하는 것이 권장된다. 또한 이를 예방하기 위해서는 일상 생활의 변화로 스트레스를 받아 질병의 발생 위험이 높아지지 않도록 변화를 최소화하고 스트레스를 줄이며, 각각의 고양이 생활 패턴에 맞는 최적의 식단을 마련하는 것이 중요하다. 뿐만 아니라 깨끗한 물과 배변 상자도 공급하도록 한다.

3.2 만성 신장질환(Chronic Kidney Disease)

특징

신장은 소변을 생산하여 배출함으로써 동물의 체내에 존재하는 노폐물을 제거하고 나트륨 및 칼륨 등과 같은 전해질 및 수분 균형을 유지하는 역할을 하며, 또한 조혈작용에 중요한 호르몬을 생산한다. 이러한 신장은 다양한 원인에 의해 손상을 받아 기능을 하는 세포를 점진적으로 잃게 되고, 약 25~33%의 세포가 남게되면 그 역할을 충분히 수행할 수 없어 증상이 나타나게 된다. 주로 성묘와 노령묘에서 문제가 되며, 10년령 이상의 고양이에서 30~40%, 15년령 이상의 고양이에서 81% 정도가 이환되어 있다.

원인

만성 신장질환은 수년에 걸쳐 신장 기능이 서서히 저하되어 발생하는 일련의 질환을 지칭하기 때문에 신장 손상을 유발한 특정 원인을 찾아내기 어려운 경우가 많다. 하지만 다음과 같은 특정 질병의 말기 단계로 나타나기도 한다.

- 다낭성 신장질환(예: 페르시안 고양이, 브리티쉬숏헤어 품종)
- 독성물질(의약품, 식물, 화학물질 등)
- 염증(신우신염, 사구체 신염, 세균/바이러스 감염)
- 아밀로이드증
- 신생물(종양)
- 신장결석 또는 요관결석

신장을 통해 배출되어야 할 노폐물이 축적되고 전해질 및 수분조절에 이상이 발생하여 다양한 증상이 나타난다.

• 기력저하, 식욕부진, 체중감소

• 다뇨, 다갈, 구토, 구취, 구강 궤양, 털 엉킴, 갑작스러운 실명

• 절을 하는 듯 고개를 떨구는 자세

• 말기에는 경련, 혼수

그림 3.2 만성신장질환: 마른 몸과 불량한 털 / 요독증으로 인한 구내염

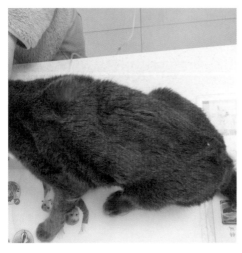 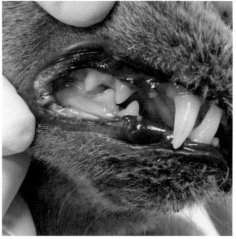

진단 · 치료 · 예방

• 혈청화학검사(BUN/creatinine의 상승, 전해질 이상, 인수치 증가), 요비중(낮거나 중간), 영상학적 검사(신장의 크기 감소, 불규칙한 신장 형태 등), 임상증상을 토대로 진단한다. 단백뇨와 혈압을 확인함으로써 추가적인 정보를 얻을 수 있고, 치료 방향을 결정하는데 도움이 된다. BUN과 크레아티닌은 신장 기능이 심각하게 저하될 때까지 변화가 분명하지 않기 때문에 혈중 SD-

MA(symmetric dimethylarginine) 농도와 요비중 측정이 초기 신부전을 확인하는 데 도움이 된다. 만성 신장질환을 유발할 수 있는 특정 질병을 규명하기 위해서 철저한 병력청취, 신장의 조직검사(생검), 감염병검사, 조영검사 등의 특수검사가 필요하다.

- 만성 신장질환은 신장의 비가역적인 손상에 의해 나타나므로 손상된 조직을 살리는 것이 아니라 환자에게 발생한 이상 증세(요독증, 전해질 이상, 빈혈 등)를 해결하는 것을 치료목표로 한다. 고양이마다 임상증상이 다르고 검사 결과가 다르게 나올 수 있기 때문에 확인된 이상에 맞추어 적절한 치료법을 사용한다. 단백질과 인산염 함량이 낮은 사료는 혈중 노폐물 수치를 낮추는 데 도움이 된다. 식사 시 인산염 흡착제를 함께 복용함으로써 사료에 들어 있는 인산염의 흡수를 막을 수 있다. 요검사를 통해 세균성 비뇨기감염이 확인된 경우, 신장에 영향이 적은 항생제를 사용한다. 다뇨증으로 인해 칼륨과 수용성 비타민(B)이 부족하게 되기 때문에 추가적 보충이 필요할 수 있다. 구토 증상이 심하거나 식욕부진이 심한 환자는 항구토제, 식욕촉진제를 사용한다. 혈압이 높거나 단백뇨가 있는 환자는 이를 감소시킬 수 있는 적절한 약물을 투약하면서 모니터링 한다. 빈혈이 발생하면 조혈작용을 유도하는 호르몬 처치를 실시한다. 다뇨로 인해 탈수가 있는 환자는 집에서 또는 병원에서 수액처치를 실시한다.

- 신장은 한번 손상되면 다시 회복할 수 없지만, 적절한 검사와 관리를 통해서 만성 신장질환을 관리하면 질병의 진행을 늦추고 삶의 질을 개선시킬 수 있다. 만성 신장질환을 예방하기 위해서는 신선한 물과 사료를 공급하고, 노령이 아니어도 정기적으로 건강 상태를 확인하고 질병을 조기에 발견하여 관리하는 것이 바람직하다. 유전적 요인으로 발생하는 경우는 예방할 수 없으며, 독성물질/감염병과 같은 원인은 이러한 물질이나 감염원에 노출되지 않도록 하여 예방할 수 있다.

4. 구강 질환
Diseases of Oral Cavity

특징

치아 흡수는 상아질(dentin)이라고 하는 법랑질(enamel) 아래에 존재하는 뼈와 유사한 조직에 치아파괴세포(odontoclast)에 의한 침식 현상이 나타나 회복이 불가능할 정도로 파괴되는 질환이다. 점차적으로 치아 뿌리(root)부터 치관(crown)까지 차이가 파괴되어 치아 흡수가 발생한다. 이전에는 고양이 치아 흡수성 병변(feline odontoclastic resorptive lesion), 치경부 병변(cervical line lesion), 고양이 충치(cat cavities)라고도 알려져 있으며, 이 질환은 매우 흔해 전체 고양이의 약 20~60%, 그리고 5세 이상의 고양이 중 거의 75%에서 발견된다.

원인

치아파괴세포를 활성화시키는 원인이 명확하게 알려져 있지 않으며, 제1형의 경우에는 치주질환에 존재하는 염증과 관련있을 것으로 생각하고 있다. 단단한 상업용 사료, 자주 구토하는 습성, 음식이나 물에 존재하는 미네랄 과잉도 그 원인일 수 있다는 주장이 있다.

그림 4.1 고양이 치아흡수 병변

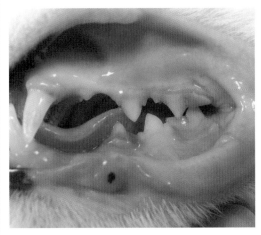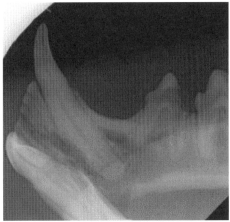

임상증상

- 침흘림, 구강 출혈, 식욕부진
- 치은 조직이 치관 주변으로 확장되어 올라옴
- 통증: 이빨을 만질 때 매우 싫어하고 몸의 근육 떨림을 보임
- 행동변화: 심하지 않은 경우에는 한쪽으로 먹거나 머리를 기울인 채 밥을 먹음, 음식을 떨어뜨리기도 하고 씹지 않고 삼키거나 갑자기 건식보다 습식 사료를 선호하게 됨

진단 · 치료 · 예방

- 진단을 위해서는 육안으로 잘 관찰하고 치과탐색기의 탐침 검사, 치아 방사선 촬영이 필수적이다.
- 3가지 유형으로 분류할 수 있으며, 제1형은 방사선학적으로 치근이 정상 구조를 가지지만 치관이 파괴된 경우이고, 제2형은 방사선학적으로 치근이 붕괴되어 뼈와 구별되지 않게 보인다. 제3형은 제1형과 제2형의 특징

을 모두 가지고 있는 경우를 지칭한다.

- 제1형 치아흡수의 경우, 치관과 치근을 모두 발치해야 하고, 제2형 치아흡수는 치근은 보존하고 치관절단을 실시한다.

- 치아를 살릴 수는 없지만 적절하게 발치와 치관절단을 수행하면 통증을 없애고 삶의 질을 높일 수 있다.

4.2 | 만성 치은구내염(Chronic Gingivostomatitis)

특징

고양이의 만성 치은구내염은 심한 면역 매개성 질환으로 잇몸과 구강 내 점막에 만성적으로 심각한 염증이 나타나는 질환이다. 적절하게 치료하지 않으면, 심한 통증으로 음식 섭취가 어렵고 환자의 상태는 나빠지게 된다. 정도의 차이는 있지만 전체 고양이의 약 10% 미만에서 나타난다.

원인

그동안 수많은 연구가 있었지만 만성 치은구내염의 원인은 여전히 파악하기 어렵다. 고양이 칼리시바이러스(FCV), 고양이 허피스바이러스(FHV), 고양이 면역결핍바이러스(FIV), 고양이 백혈병 바이러스(FeLV) 및 다른 감염성 병원체와 인과관계가 입증되지 않았지만 연관이 있을 것으로 보고 있으며, 바이러스나 세균의 감염 이외에 다른 치과 질환, 환경 스트레스, 과민반응과 같은 비감염성 요인들도 치아 표면에 쌓이는 세균의 얇은 막인 플라그(plaque)에 대한 비정상적인 면역 반응을 유발하는 것으로 보고 있다.

- 잇몸의 발적 또는 부기, 구취, 양치질시 잇몸에서 혈액이 보임

- 통증, 침흘림, 음식을 먹고 싶어하지만 먹지 못함, 체중감소, 스스로 그루밍을 못함, 손으로 얼굴을 비비는 행동

그림 4.2 만성 치은구내염 병변

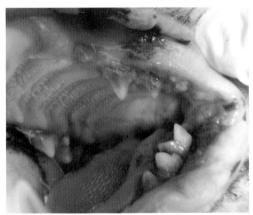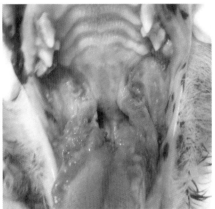

- 병력과 임상증상(치은염, 구강 점막의 염증)을 토대로 진단하며, 기저질환을 찾기 위해 감염병검사, 혈액 및 소변검사가 권장된다. 치아의 상태를 확인하기 위해 치과 방사선 촬영을 실시한다.

- 치석과 플라그를 제거하기 위해 전신마취하에 구강체크와 스케일링을 실시하기도 하고, 염증을 치료하기 위해 내과적인 약물치료를 하기도 하지만 대게 일시적으로 개선되거나 반응이 미약하기 때문에, 현재는 관련된 모든 이빨을 발치하는 것이 권장된다. 치아를 발치한 경우 55%는 완치, 35%는 눈에 띄게 개선, 10%는 개선되지 않은 것으로 나타났다. 개선되지 않은 난치성 치은구내염은 스테로이드와 같은 면역억제제, 인터페론 등의 사용을 고려한다. 대부분의 환자에서 단기간 진통제, 항생제, 소염제

처치가 필요하다.

- 이미 질병이 시작된 후에는 통증 때문에 더욱 칫솔질이 어렵고 권장되지 않는다. 평소에 구강관리를 잘 하여 플라그, 치석, 세균의 증식을 억제한다면 구강 건강을 유지하는 데 확실히 도움이 된다.

5. 눈 질환
Diseases of the Eyes

5.1 호산구성 각막염(Eosinophilic Keratitis)

특징

호산구성 각막염은 각막 표면에 흰색 또는 분홍색의 융기된 플라크(plaque)가 나타나고 각막 혈관화가 특징인 만성 염증성 질환으로, 병이 진행됨에 따라 결막에도 영향을 주기 때문에 호산구성 각결막염(eosinophilic keratocon-junctivitis), 증식성 각결막염(proliferative keratoconjunctivitis)이라고도 알려져 있다. 각막에 호산구가 침윤되어 염증을 일으키고, 위 아래 눈꺼풀, 제3안검, 공막 부위의 결막에도 염증이 진행되는데, 처음에는 한쪽 눈에만 발생하였다가 반대쪽 눈에도 나타난다. 평균 5세 이하에서 많이 나타나며, 호발 품종은 확인되지 않았다.

원인

각막과 결막에 호산구가 침윤되어 염증이 발생하는 이유에 대해 명확히 밝혀진 바는 없지만 고양이 허피스바이러스 감염과 관련성이 확인되었다.

- 각막 표면의 특징적인 분홍색, 황갈색, 흰색의 병변

- 각막 가장자리에 혈관 생성, 각막 궤양

- 각막 표면에 회색 또는 흰색 막이 관찰됨(육아조직)

- 결막부종, 결막 충혈, 통증, 안구 분비물, 유루증, 안검경련

그림 5.1-1 고양이 각막 세포학 검사. 다수의 호산구가 관찰됨

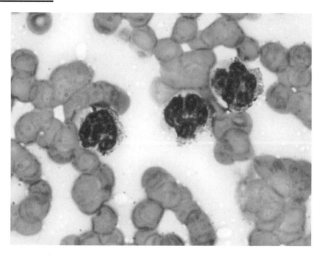

그림 5.1-2 호산구성각막염

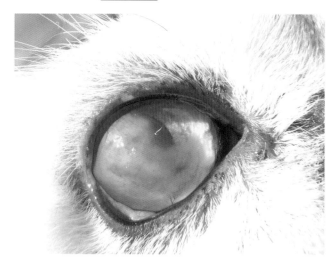

- 주로 임상증상과 각막표면에서 채취한 검체를 현미경으로 확인하여 진단한다. 세포학검사에서 호산구와 비만세포가 다수 관찰되며, 2차 감염이 존재하는 경우, 다른 염증세포도 관찰된다. 각막궤양, 녹내장, 포도막염 등 다른 안과 질환과의 감별을 위해 종합적인 안검사를 실시하고, 바이러스 감염증을 확인하기 위한 검사도 실시한다.

- 일반적으로 국소 스테로이드 약물(메게스트롤 아세테이트)로 치료하지만 부작용을 잘 관찰하여야 하며, 경우에 따라 주사 또는 경구 약물도 병용한다. 2차 감염 때문에 항생제, 통증 때문에 진통소염제도 함께 사용하기도 하며, 고양이 허피스바이러스에 감염된 경우에는 항바이러스 약물도 사용할 수 있다.

- 치료에 대한 반응을 잘 모니터링하여 필요한 경우 치료 방법을 바꾸어야 한다. 최소한의 유효 용량으로 장기적인 치료 및 관리가 요구되며, 재발을 막기 위해 평생동안 치료가 필요할 가능성이 높다.

5.2 | 결막염(Conjunctivitis)

특징

핑크 아이(pink eye)라고도 알려진 고양이 결막염은 안검의 안쪽 점막과 공막, 제3안검을 덮고 있는 결막에 발생한 염증으로 감염성 또는 비감염성일 수 있고 고양이에서 매우 흔히 나타나는 눈 질환이다. 정상적인 결막은 바깥쪽에서 잘 보이지 않지만, 결막염이 발생하면 결막이 부어오르고 발적이 심해 붉은색을 띈다. 대부분의 고양이는 일생 동안 수차례의 결막염을 겪게 되는데, 외부에서 유입된 세균이나 바이러스, 환경자극 물질에 대한 면역 반응 때문에 발생한다.

결막염을 유발하는 원인은 다양하다. 대표적인 감염성 원인으로 고양이 허피스바이러스(feline herpesvirus-1), 클라미디아(*Chlamydophila felis*), 마이코플라즈마(*Mycoplasma* spp.) 등이 있으며, 세균에 대한 2차 감염도 흔히 병발한다. 비감염성 원인으로는 장모종에서 관찰되는 안검내반증, 이물(털 뿐만아니라 먼지, 모래 등 이물질도 눈꺼풀 안쪽으로 들어갈 수 있음), 자극성 화학물질, 알러지 반응이 있고, 종양, 각막궤양, 안구건조증, 녹내장, 포도막염과 같은 다른 안구 질환도 있다.

- 눈 또는 눈 주변 피부의 발적
- 눈 분비물(장액성, 점액성, 혈액성 또는 화농성)
- 통증(안검경련 또는 눈을 잘 뜨지 못함)
- 원인에 따라 호흡기 증상(재채기, 콧물), 발열, 기력저하, 식욕저하

그림 5.2 결막염

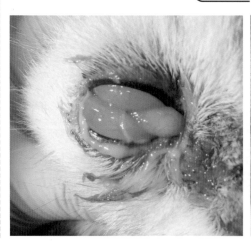
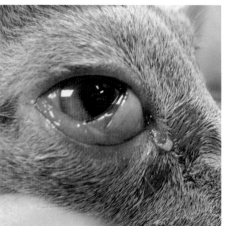

- 안검사를 통해 눈과 주변 조직을 살펴보고 눈꺼풀의 이상, 이물질의 존재, 각막의 염증과 궤양, 종양 등의 질환 유무를 확인한다. 감염성 원인을 확인하기 위해 세포학적 검사나 유전자검사를 실시한다. 일반적으로 실시하는 안검사에는 눈물량검사, 안압 측정, 형광염색검사, 결막 생검, 직접검안경/간접검안경 검사가 있다.

- 고양이 허피스바이러스 감염증에 의한 결막염은 증상이 가벼운 경우는 특수한 치료가 필요하지 않을 수 있으나 심한 경우에는 항바이러스제를 사용한다. 클라미디아 세균에 의한 경우에는 테트라사이클린 안연고나 항생제(독시사이클린, 아지스로마이신) 치료를 실시하고, 알러지성이나 호산구성 염증의 경우에는 소염제(국소 코르티코스테로이드 제제)를 사용하여 알레르기 반응을 줄이거나 멈추게 할 수 있다.

- 눈을 치료하는 동안 눈을 촉촉하게 하기 위한 윤활제 또는 인공눈물, 이차감염에 대한 항생제, 소염제 등의 점안제를 사용한다.

- 원인에 따라 예후는 다르며 일부 비감염성 원인의 경우에는 근본 원인을 제거하지 않으면 결막염이 재발하는 경우가 많다. 감염성 원인 중 바이러스가 원인인 경우는 일부 치료가 불가능하고 일단 보균자가 되면, 스트레스를 받거나 다른 질병이 있을 때 재발할 수 있다. 이러한 경우 적절한 영양섭취, 환경관리를 통한 스트레스 감소, 타 질환의 의학적 관리, 필요시 예방접종 등을 통해 재발의 빈도를 줄이고 심하게 진행되는 것을 예방하는 것이 치료 목표이다.

6. 기타 질환

6.1 비대성 심근병증(Hypertrophic Cardiomyopathy)

특징

비대성 심근병증(HCM)은 고양이에서 가장 흔하게 진단되는 심장 질환으로 좌심실이 비정상적으로 두꺼워지면서 섬유조직이 증가하여 이완기능에 문제가 발생하고 혈액 배출이 어려워지는 질병이다. 심박출량의 감소에 대한 보상작용으로 빈맥이 나타나고 이는 다시 심장 손상으로 이어진다. 이러한 악순환은 결국 혈액 정체를 유발하고 좌심실의 혈액 충전 감소와 좌심방에 정체된 혈액으로 의해 울혈성 심부전(congestive heart failure) 증상이 나타나게 된다. 하지만 무증상으로 발견되는 경우가 많으며, 유병률이 약 15%에 이른다. 거의 모든 연령대에서 발생하고, 수컷에서 호발하며, 메인쿤이나 렉돌, 스핑크스 같은 품종에서는 유전적 돌연변이로 인해 품종 소인이 있다.

원인

유전자 돌연변이는 심근 이상이 호발하는 품종에서 보고 되었으나 다른 품종에서는 다양한 연구가 진행되지 않았다. 이 유전적 원인이 어떻게 심장에 영향을 주어 심근병증을 유발하는지는 밝혀지지 않았다. 갑상선기능항진증 및 말단비대증은 이미 가지고 있던 비대성 심근병증을 악화시킬 수 있다.

임상증상

- 무증상(건강검진 등에 의해 우연히 발견)
- 울혈성 심부전 증상: 기력저하, 빈호흡, 호흡곤란, 빈맥, 폐수종
- 혈전색전증: 뒷다리의 마비, 급성 통증, 후지 냉감, 발바닥 패드의 청색증

진단 · 치료 · 예방

- 혈액내 심장 바이오마커(NT-proBNP, cTnI) 농도 측정을 통해 심장병의 유무를 판단하는 데 도움이 될 수는 있지만 확진을 위해서는 방사선검사와 심장초음파검사가 필요하다. 심장초음파를 통해 좌심실 벽의 두께를 측정하고, 좌심방의 확장 여부, 유두근의 비대, 혈전의 존재 유무 등을 평가한다. 병발할 수 있는 기저질환을 확인하기 위해 혈액검사 및 내분비 검사도 함께 실시한다.

- 치료는 환자의 상태에 따라 달라지는데, 무증상이거나 경미한 경우에는 정기적인 모니터링을 통해 질별의 진행을 감시한다. 중증이나 심각한 경우, 치료 목표는 심박수를 조절하고, 폐수종/흉수 제거, 혈전색전증 가능성을 감소시키는 것이다. 심박수를 조절하기 위해 항부정맥제를 사용하고, 폐수종을 치료하기 위해서는 루프이뇨제를 주로 사용한다. 증상의 유무에 따라 심장 내 혈전이 발생할 위험이 높으므로 이를 예방하기 위해 항혈소판제나 항응고제를 사용한다. 응급상황에서는 주로 주사투여로 실시하고 환자가 안정화되면, 경구로 약물을 투여한다. 스트레스를 받은 고양이에서 검사 수치나 증상이 더 안 좋게 나타나므로 이를 최대한 줄여주는 것이 좋다. 처방식을 급여하는 것이 더 좋지만, 기호성에 따라 먹지 않을 수 있기 때문에 그것 보다는 식사를 계속 할 수 있도록 식단을 선택하

는 것이 더 중요하다.

- 비대성 심근병증은 예방법이 없다. 비대성 심근병증을 가지고 있는 고양이의 예후는 매우 다양한 편이지만, 경증의 경우, 다수의 고양이는 심각한 단계로 진행되지 않거나 진행되는데 오랜 시간이 걸리므로 예후가 좋은 편이다. 하지만 대부분 진행성이기 때문에 심장의 비대 및 기능저하와 더불어 울혈성 심부전, 혈전색전증, 저체온증 등이 나타나고 생존기간이 매우 짧아진다.

6.2 갑상선기능항진증(Hyperthyroidism)

특징

갑상선기능항진증은 고양이에서 흔한 질병이며 갑상선에 종양성 변화가 나타나는 갑상선 호르몬(T4, T3)을 과잉 분비하는 호르몬 질환이다. 이 갑상선 호르몬은 신진대사를 조절하고 전신에 영향을 미치기 때문에 항진증에 걸린 고양이는 신진대사율이 높아지고 다양한 증상을 보이게 된다. 주로 중년 이상에서 발생하며 이 질병을 가진 고양이의 평균나이는 12세이다. 특정 품종에서 호발하는 경향을 보이지 않고 모든 품종에 영향을 미친다.

원인

명확한 원인은 알려져 있지 않지만, 식단에 포함된 특정 화합물의 결핍이나 과잉, 음식이나 환경에 존재하는 갑상선을 방해하는 화학물질 등에 대한 만성 접촉 등이 제기되고 있다.

- 식욕은 증가하나 체중감소

- 다음/다갈, 활동 증가, 안절부절하지 못함, 성격변화

- 심박수 증가, 정돈되지 않은 털

- 구토, 설사

- 합병증으로 고혈압, 심장질환, 망막박리, 실명, 신장질환

그림 6.2 갑상선기능항진증: 체중감소와 쇠약

진단·치료·예방

- 신체검사를 통해 목 부위 갑상선 비대를 확인할 수 있으며, 진단하기 위해서는 혈중 갑상선호르몬(T4, free T4) 농도를 측정하여 수치 상승을 확인한다. 일부 환자는 정상범위에 있을 수 있기 때문에 임상증상이 의심된다면, 추가 검사가 필요하다. 병발할 수 있는 합병증을 확인하기 위해 혈액검사 및 영상학적 검사, 요검사, 혈압측정 등 전반적인 검사를 실시하며,

특히 심장질환과 신장질환의 유무를 확인한다.

- 치료는 고양이의 나이, 병별한 질환, 선택할 수 있는 치료방법, 환자의 상태, 비용 등에 따라 달라질 수 있으나 일반적으로 약물을 이용한 내과적 방법(메티마졸), 방사성 요오드 치료, 외과적 수술(갑상선 절제술), 처방식을 이용한 식이요법(y/d)이 있다. 약물 치료는 비교적 저렴한 편이지만 일반적으로 평생 하루 2회 투약해야하고, 주기적으로 호르몬 농도를 측정하면서 관리해야 한다. 방사성 요오드 요법은 방사성 요오드를 혈관투여하여 호르몬을 과잉생산하는 조직으로 이동시켜 해당 갑상선만 선택적으로 파괴하는 방법이다. 이 치료를 받은 대부분의 고양이는 치료 후 1~2주 이내에 정상적인 호르몬 수치를 보이고 약 95%의 환자가 3개월 이내에 완치된다. 마취나 심각한 부작용 없이 치료가 잘 되지만 방사성 동위원소를 사용하기 때문에 특정 시설에서만 치료할 수 있으며, 비용이 고가이다. 갑상선절제술은 성공률이 높은 비교적 간단한 수술이지만, 마취가 필요하며 합병증을 가지고 있는 노령묘에게는 부담이 될 수 있다. 또한 수술 과정에서 칼슘조절을 하는 부갑상선도 함께 제거되는 경우가 많다. 일부 연구에서 처방식(요오드 제한식)을 급여하면 호르몬 조절에 도움이 된다는 보고가 있지만, 장기적인 요오드 제한이 개체에 어떤 영향을 미치는 지에 대한 연구는 다소 부족하다.

- 2차적으로 발생하는 심장질환, 고혈압, 신장질환은 원발성 문제인 갑상선 기능항진증을 성공적으로 조절하면 대개 호전되거나 완치될 수 있다. 하지만 노령 때문에 발생한 합병증의 경우 예후에 영향을 미칠 수 있기 때문에 적절한 치료가 필요하다.

- 특별한 예방법은 없으며, 중년 이상이 되면 정기적인 검진을 통해 조기발견하는 것이 중요하다. 조기 진단으로 2차적으로 발생하는 합병증을 줄일 수 있다.

특징

당뇨병은 췌장에 이상이 발생하여 인슐린을 적절히 생산하지 못하거나 이에 반응하지 못하는 상태를 의미하는 것으로 고양이에서 두 번째로 흔한 내분비 질환이다. 인슐린은 신체 내 세포의 주 에너지원인 포도당을 혈액내에서 세포 내로 이동하게 해주어 혈중 포도당 농도를 낮추는 역할을 한다. 제1형 당뇨병은 췌장에서 인슐린 생산이 감소(췌장의 베타 세포 손상)하여 결과적으로 혈당이 높아진다. 제2형의 경우에서는 신체 세포가 인슐린에 적절하게 반응하지 못하여(인슐린 저항성) 포도당이 이동하지 못하기 때문에 혈당이 높아진다. 결국 제1형, 제2형 모두 세포 내로 혈당이 이동하지 못해 세포는 필요한 영양분을 얻지 못한다. 고양이에서는 제2형 당뇨병이 전체의 90%를 차지한다. 당뇨병 발병과 관련된 위험요소로는 나이(중년령 이상), 비만, 수컷, 신체 활동 부족, 약물(글루코코르티코이드) 사용 등이 있다.

원인

만성 췌장염, 비만, 췌장의 섬세포 아밀로이드 증(islet cell amyloidosis), 인슐린 작용을 방해하는 약물(글루코코르티코이드)의 투여 또는 말단비대증 등으로 인해 인슐린의 절대적 또는 상대적 결핍이 발생하고 인슐린에 대한 반응이 감소하여 발생한다.

임상증상

• 식욕증가, 다음, 다갈, 체중감소

• 털 상태 불량, 뒷다리 쇠약

• 당뇨병성 케톤산증

• 당뇨병 치료로 인한 저혈당증: 구토, 무기력, 떨림, 발작, 경련

- 당뇨병은 임상증상과 지속적인 고혈당, 소변의 요당을 통해 진단된다. 고양이의 경우, 병원내에서 스트레스로 인해 혈당이 단기간 상승(스트레스성 고혈당증)할 수 있기 때문에 이를 삼별하기 위해 프럭토사민(fructosamine) 측정을 병행하기도 한다. 당뇨병 환자는 비뇨기 감염, 만성 신장질환, 췌장염, 갑상선기능항진증과 같은 기저 질환을 함께 가지고 있을 수 있기 때문에 이러한 질병을 확인하기 위해 혈액검사, 방사선검사, 초음파검사, 요검사, 요배양, 호르몬검사 등을 함께 실시하는 것이 좋다.

- 고양이 당뇨병 치료의 목적은 정상적인 혈당 농도 회복, 임상증상 소실(체중 유지 또는 조절, 다음/다갈 증상 해결), 저혈당증 예방이다. 이를 위해 일반적으로 인슐린 투여와 식이요법을 조합해서 사용하지만 일부 고양이에게는 경구약물(소변으로 포도당 배출 유도)을 투여하기도 한다.

- 인슐린은 고양이 당뇨병 치료에서 가장 중요하며 여러 유형의 인슐린(lente, glargine 등)을 사용할 수 있다. 대게 하루에 1~2회 피하 주사로 집에서 투여한다. 탄수화물이 낮고 단백질 함량이 높은 식이나 당뇨병용 처방식을 급여하면 혈당관리에 도움이 된다. 진단 시 비만인 개체는 식단을 조절하여 체중을 감소시키면 혈당조절이 보다 용이하다.

- 당뇨병 환자는 수시로 컨디션이 변하면서 다양한 변수에 의해 혈당이 변할 수 있기 때문에 면밀히 모니터링(체중, 수분섭취량, 식욕, 혈당곡선 등)할 필요가 있다. 이를 통해 적절한 인슐린 용량을 결정하여 당뇨병성 케톤산증(diabetic ketoacidosis) 및 저혈당과 같은 합병증을 예방할 수 있다. 고양이의 경우, 동물병원에 내원해서 나타날 수 있는 스트레스성 고혈당증 때문에 집에서의 혈당과 다른 경우가 많다. 이러한 경우, 보다 정확한 결과를 확인하기 위해 보호자가 집에서 환자의 귀나 발바닥에서 채혈하여 혈당을 직접 측정하거나, 연속 혈당 모니터링 시스템을 활용하여 스트레스 없이 집에서의 혈당 변화를 모니터링할 수 있다. 이러한 방법을 활용할 수 없

다면 혈액내의 프럭토사민을 측정하여 지난 1~2주 동안의 혈당 추정치를 확인할 수 있다.

- 고양이 당뇨병을 완치시키기 어렵지만 치료 및 관리가 적절히 이루어지면 삶의 질과 예후는 좋은 편이다. 조기에 발견하여 치료하면 다수의 고양이가 당뇨병 완화 단계에 들어서서 인슐린 주사 없이도 정상 혈당 수준을 유지할 수 있다. 하지만 시기가 늦어지거나 치료 초기 6개월 이내에 당뇨병 완화 단계에 접어들지 않으면 평생 인슐린 치료가 필요하다. 보호자는 하루 식사량과 식사시간, 인슐린 투여량과 투여시간, 음수량, 소변량, 혈당, 소변내 포도당, 체중을 잘 모니터링해야 한다. 이상 증상 확인 시 신속히 동물병원에 내원해야 한다.

약력

저자

김정은 DVM, Ph D

경북대학교 수의과대학 학사
경북대학교 수의과대학 석사(수의외과학)
경북대학교 수의과대학 박사(수의외과학)
경북대학교 부속동물병원 진료수의사
현) 대구가톨릭대학교 반려동물보건학과 교수
    한국동물보건사 양성기관 인증위원회 위원
    FAVA(아시아태평양수의사회)2024 학술위원

이종복 DVM, MS

서울대학교 수의과대학 학사
서울대학교 수의과대학 석사(수의내과/임상병리학)
강원대학교 임상수의학 박사 수료(수의내과학)
서울대학교 동물병원 및 다수 동물병원 진료수의사, 원장
전) 연암대학교 동물보호계열 교수
현) 부천대학교 반려동물과 교수
    한국동물보건사 양성기관 인증기준위원회 위원
    FAVA(아시아태평양수의사회)2024 동물보건분과 위원

사진 자료 제공 및 감수

이해운 DVM, MS

경북대학교 수의과대학 학사
경북대학교 수의과대학 석사(수의방사선학)
경북대학교 수의과대학 박사 수료(수의외과학)
현) 대구한마음동물병원 원장

개와 고양이의 질병

초판발행　　　2024년 8월 30일

지은이　　　　김정은·이종복
펴낸이　　　　노　현

편　집　　　　조영은
기획/마케팅　김한유
표지디자인　이수빈
제　작　　　고철민·김원표

펴낸곳　　　(주) 피와이메이트
　　　　　　서울특별시 금천구 가산디지털2로 53 한라시그마밸리 210호(가산동)
　　　　　　등록 2014. 2. 12. 제2018-000080호
전　화　　　02)733-6771
ｆａｘ　　　02)736-4818
e-mail　　　pys@pybook.co.kr
homepage　www.pybook.co.kr
ISBN　　　979-11-6519-955-5　　93520

정 가　25,000원

박영스토리는 박영사와 함께하는 브랜드입니다.

개와 고양이의
질병
복습문제

Chapter 01 개의 질병

심혈관 질환
Diseases of the Cardiovascular System

1. 다음 중 개와 고양이에서 주로 선천적 또는 유전적으로 발생할 수 있는 심장질환으로 볼 수 없는 것은?

   ① 삼첨판 폐쇄부전(Tricuspid valve insufficiency)

   ② 심장사상충증(Heartworm disease)

   ③ 방실판막 이형성(Atrioventricular valvular dysplasia)

   ④ 심실 중격결손(Ventricular septal defect)

   ⑤ 동맥관개존증(Patent ductus arteriosus)

2. 심장사상충증(Heartworm disease)에 대한 설명으로 올바른 것은?

   ① 심장사상충 감염은 무더운 여름을 보낸 개와 고양이 암컷에서 흔히 발생한다.

   ② 주로 모기에 물려 감염되며, 개와 고양이가 중간숙주이며 사람이 종숙주인 감염병이다.

   ③ 심장사상충 성충에 의해 발생하는, 삼첨판 폐쇄부전, 우심의 울혈성 심부전 증상을 대정맥증후군(caval syndrome)이라고 한다.

   ④ 치료는 증상이 심각해지기 전에 신속히 성충을 구제한다면, 자충(microfilaria)은 자연적으로 사멸된다.

   ⑤ 심장사상충의 유충은 소변검사를 통해, 확인이 가능하며, 확진을 위해서 심초음파 검사를 수행한다.

3. 다음에서 설명하는 개의 질병은?

폐호흡을 하지 못하는 태아시기에는 모체로부터 혈액을 공급받기 위해, 대동맥과 폐동맥을 연결하는 혈관이 존재한다. 이 혈관이 생후에도 폐쇄되지 않고 남을 경우, 강아지는 점차 자라면서 호흡 곤란, 심잡음, 운동불내성 증상을 보일 수 있다.

① 동맥관개존증(Patent ductus arteriosus)

② 심방중격 결손(Atrial septal defect)

③ 방실판막 이형성(Atrioventricular valvular dysplasia)

④ 삼첨판폐쇄부전(Tricupid valve insufficiency)

⑤ 폐성고혈압(Pulmonary hypertension)

4. 나뭇잎 모양의 판막이 퇴행성 변화로 인해 두꺼워지고, 형태가 바뀜으로 인해 제대로 닫히지 않아 역류(regurgitation)를 일으키게 되어, 복수, 사지부종 등 주로 우심부전을 일으키게 되는 개의 선천성 심장 질환은?

① 방실판막 이형성(Atrioventricular valvular dysplasia)

② 심방중격 결손(Atrial septal defect)

③ 동맥관개존증(Patent ductus arteriosus)

④ 삼첨판폐쇄부전(Tricupid valve insufficiency)

⑤ 이첨판폐쇄부전(Mitral valve insufficiency)

5. 다음 중 개나 고양이에서 주로 후천적으로 발생하는 심장질환은?

① 방실판막 이형성(Atrioventricular valvular dysplasia)

② 심방중격 결손(Atrial septal defect)

③ 동맥관개존증(Patent ductus arteriosus)

④ 삼첨판폐쇄부전(Tricupid valve insufficiency)

⑤ 폐성고혈압(Pulmonary hypertension)

6. 개의 동맥관개존증(Patent ductus arteriosus)의 설명으로 바르지 않은 것은?

① 주로 1살 이하 어린 강아지에서 발생하는 선천성 심혈관기형으로 인한 질병이다.

② 태아 시기 대동맥과 폐동맥을 연결하는 동맥관이 생후에도 폐쇄되지 않은 상태이다.

③ 동맥관은 대부분의 포유류에서, 주로 생후 1년 이내 서서히 닫히는 구조물이다.

④ 잔존한 동맥관의 크기가 작을 경우, 특별한 증상을 보이지 않을 수도 있다.

⑤ 동맥관의 크기가 너무 크면, 생후 1~2주 내에도 폐동맥 고혈압이 발생할 수 있다.

3 소화기 질환
Diseases of the Digestive System

1. 거대식도증(megaesophagus)을 진단하기 위한 방법으로 거리가 먼 것은?

　① 바륨식도조영촬영 검사

　② 형광투시법

　③ 식도내압 검사

　④ 호르몬 검사

　⑤ 방사선촬영 검사

2. 개에서 발생하는 위장관 폐쇄에 관한 설명으로 바르지 않은 것은?

　① 위장관 폐쇄는 주로 종양으로 인해 발생하는 경향이 있다.

　② 장중첩이 주로 일어나는 부위는 회맹연접부(ileocecal junction)이다.

　③ 주된 증상은 복통, 구토, 혈액이 포함된 설사이다.

　④ 위장관의 활동성이 떨어지거나, 천공된 부위가 있다면 위장관 절제술을 고려해야한다.

　⑤ 복막염이나 패혈증의 증상이 있다면 예후가 불량할 수 있다.

3. 출혈성 위장염(Hemorrhagic gastroenteritis, HGE)에 대한 설명으로 올바른 것은?

　① HGE는 운동실조, 안면마비, 연하 곤란 등의 주 증상이 나타난다.

　② 주로 그레이트데인, 세인트 버나드, 그레이 하운드 등 흉곽이 깊은 대형견에서 흔히 발생한다.

　③ 곰팡이 또는 진균과 같은 병원균이 주된 원인체이다.

　④ '라즈베리 잼'과 같은 양상의 심한 출혈성 설사가 특징이다.

　⑤ 대부분 무증상을 보이며, 백신을 접종하여 예방할 수 있다.

4. 개에서 주로 장염을 일으키는 주요 바이러스로 볼 수 없는 것은?

① 개 파보바이러스(Canine parvovirus)

② 개 파라인플루엔자(Canine parainfluenza virus)

③ 개 코로나바이러스(Canine coronavirus)

④ 개 디스템퍼 바이러(Canine distemper virus)

⑤ 개 로타바이러스(Canine rotavirus)

5. 거대결장(megacolon)에 대한 설명으로 올바르지 않은 것은?

① 원위 결장, 직장, 항문의 기계적 폐쇄 또는 기능적 이상으로 결장과 직장이 팽창된 것을 말한다.

② 고양이에서는 주로 유전적, 선천적으로 발생하므로, 소인이 있는 고양이는 번식을 금하는 것이 좋다.

③ 딱딱한 대변으로 가득 찬 결장을 촉진하고, 방사선 촬영검사를 통해 진단할 수 있다.

④ 치료에 반응하지 않고, 재발이 심한 경우 결장절제술을 고려해 볼수 있다.

⑤ 신선한 혈액이 섞인 대변을 누거나, 소량의 액체 대변, 잦은 배변 시도 및 변비 등의 증상을 보인다.

6. 췌장염(Pancreatitis)에 대한 설명으로 알맞지 않은 것은?

① 비만견은 급성 췌장염에 걸릴 위험이 크므로, 평소 식이관리를 해야한다.

② 췌장 내분비계의 문제로 인해 발생하므로, 호르몬 생성과 밀접한 관련이 있다.

③ 임상증상은 다양하고 비특이적이기 때문에, 초기에는 알아차리기 힘들다.

④ 중증 췌장염 시 복통을 호소하며, 식욕결핍, 구토, 허약 등 다양한 증상이 나타난다.

⑤ 경증 췌장염은 예후가 좋은 편이나, 중증 출혈성 췌장염은 그렇지 않다.

7. 다음 중 개 감염성 간염의 원인체는?

① 개 아데노바이러스 1형(Canine adenovirus-1)

② 개 코로나바이러스(Canine coronavirus)

③ 개 디스템퍼 바이러스(Canine distemper virus)

④ 개 로타바이러스(Canine rotavirus)

⑤ 개 파보바이러스(Canine parvovirus)

8. 다음 중 개에서 탈장에 대한 설명으로 바르지 않은 것은?

① 탈장은 신체 장기가 제자리에 벗어나 빠져나온 것을 말하며, 다양한 부위에서 발생할 수 있다.

② 배꼽탈장은 선천적으로 발생할 수 있으며, 탈장된 부위가 크거나, 단단하고, 피부색이 변했을 경우 신속히 병원에 내원하는 것이 좋다.

③ 서혜부 탈장의 가장 흔한 원인은 세균감염으로 인한 방광염이다.

④ 회음부 탈장은 중성화하지 않은 수컷 개에서 흔히 발생하며, 호르몬에 의해 영향을 받는 것으로 알려져 있다.

⑤ 횡격막 탈장의 가장 흔한 원인은 외상으로, 부위가 작더라도 치명적으로 점차 진행될 수 있다.

9. 개 항문낭 질환에 대한 설명이다. O, X로 표시하시오

(1) 개의 항문낭은 항문 아래 4시 또는 8시 방향 피하에 존재하는 샘조직이다.　　　（　　）

(2) 항문낭에서 만들어진 액체는 관을 통해 주로 배변 시 외부로 배출된다.　　　（　　）

(3) 주로 어린 강아지에서 항문괄약근 조절이 잘 이뤄지지 않아, 항문낭 액이 정체되어, 염증이 발생하기 쉽다.　　　（　　）

(4) 액체가 항문낭에 저류되지 않고 완전히 비워지도록, 수시로 강하게 짜내는 것이 좋다.　　　（　　）

(5) 배변곤란이 심하고, 자주 재발한다면 수술보다는 식이를 조절하고, 소염진통제를 처방하여 관찰하도록 한다.　　　（　　）

4 내분비 및 대사성 질환
Diseases of the Endocrine and Metabolic System

1. 다음 중 개에서 발생하는 당뇨병(Diabetes)과 밀접한 관련이 있는 호르몬은?

   ① 옥시토신(Oxytocin)

   ② 에스트로겐(Estrogen)

   ③ 인슐린(Insulin)

   ④ 알도스테론(Aldosterone)

   ⑤ 타이록신(Tyroxine)

2. 개의 갑상선기능저하증(Hypothyroidism)에 대한 설명으로 올바르지 않은 것은?

   ① 중년령 이상의 개에서 흔히 발생하며, 중대형 품종 개에서 더 흔히 발생한다.

   ② 가장 흔한 원인은 갑상선암으로 알려져 있다.

   ③ 체중증가, 무기력함, 만성 피부 및 귀 염증, 가늘고 건조한 모발상태 등이 나타난다.

   ④ 혈액검사에서 타이록신(T4, fT4) 수치가 낮을 경우 의심해볼 수 있다.

   ⑤ 치료하지 않을 경우, 신체 신진대사의 감소로 인해 수명이 단축될 수 있다.

3. 쿠싱병(Cushing's disease)에 대한 설명으로 알맞은 것은?

   ① 부신에서 스트레스 호르몬인 코티솔(Cortisol) 분비 증가로 인해 발생하는 질병을 말한다.

   ② 주로 운동실조, 후지 마비, 경련 등 말초신경 마비 증상을 보인다.

   ③ 혈액검사에서 타이록신(T4, fT4) 수치, 소변검사에서 포도당 수치 등을 통해 진단할 수 있다.

   ④ 인슐린 치료에 반응이 좋으며, 초기에 잘 관리하면 예후는 좋은 편이다.

   ⑤ 처방식 사료(예, Hill's y/d)를 급여하여, 호르몬 생산을 감소시키면, 증상이 호전될 수 있다.

4. 다음 중 애디슨병(Addison's disease)이라고 알려져 있으며, 글루코코르티코이드 및 알도스테론 분비 부족으로 인해 발생하는 질병은?

① 부신피질기능저하증(Hypoadrenocorticism)

② 부신피질기능항진증(Hyperadrenocorticism)

③ 갑상선기능저하증(Hypothyroidism)

④ 갑상선기능항진증(Hyperthyroidism)

⑤ 당뇨병(Diabetes)

근골격 질환
Diseases of the Musculoskeletal System

1. 개의 골관절염의 대한 설명이다. O, X 로 표시하시오.

    (1) 골관절염은 활막관절(synovial joints)에 생긴 퇴행성 질환으로 개에서 흔히 발생한다.

                                                             (   )

    (2) 치료하지 않고 방치할 경우, 고관절 이형성 및 팔꿈치 이형성증으로 진행되기 쉽다.

                                                             (   )

    (3) 신체검사에서 관절 부위 탈모, 과도한 운동 범위 확대 등이 관찰된다.   (   )

    (4) 중증으로 진행되어, 형태의 변화가 생기기 전까지 무증상이므로, 초기 진단이 어렵다.

                                                             (   )

    (5) 관절의 염증과 스트레스를 줄이기 위해 소염진통제를 사용하고, 체중감량이 중요하다.

                                                             (   )

2. 다음에서 설명하는 질병은?

- 고양이보다 개에서 흔하며, 품종 소인이 있어 특히 래브라도 리트리버, 닥스훈트, 바셋 하운드 등에서 흔히 발생한다.
- 무릎 양쪽 또는 편측으로 발생할 수 있다.
- 무릎의 앞당김검사와 경골압박검사를 통해 진단할 수 있다.
- 다양한 요소를 고려하여, TTA(tibial tuberosity advancement), TPLO(Tibial plateau leveling osteotomy)등의 수술적 치료를 고려해볼수 있다.

    ① 고관절 이형성

    ② 척추사이원반탈출증

    ③ 십자인대 파열

    ④ 대퇴골두무혈성괴사

    ⑤ 퇴행성관절염

3. 무릎뼈 탈구(Patella luxation)에 대한 설명으로 올바르지 않은 것은?

① 탈구란 뼈가 정상적인 관절 위치를 벗어나 위치가 바뀌는 것을 말한다.

② 내측 슬개골 탈구는 노령의 중대형 견에서 더 흔히 발생한다.

③ 외상 후에도 발생할 수 있지만 주로 유전성이다.

④ 갑작스런 파행, 통증, 걷기나 점프를 주저하는 등의 증상을 보인다.

⑤ 중증도에 따라, 일시적인 파행증상부터 근육, 뼈, 관절의 변형까지 일으킬 수 있다.

4. 고관절 이형성증(Hip dysplasia)의 특징을 고르시오.

① 고관절 이형성증은 실내생활을 주로 하는 소형견 품종에서 더 흔히 발생한다.

② 미끄러짐, 낙상 등 주로 외상에 의해, 급성으로 발생한다.

③ '버니 호핑(bunny hoping)'이라고 하는 특징적인 파행을 간헐적으로 보이기 시작한다.

④ 증상이 있는 경우, 소염진통제를 처방하고, 꾸준히 운동 치료를 한다면, 잘 진행되지 않는다.

⑤ 중증으로 진행되기 전까지 통증이나 증상이 나타나지 않으므로, 치료시기를 놓치기 쉽다.

5. 다음에서 설명하는 골절 분류와 특징을 바르게 연결하시오.

(1) 불완전 골절	a. 뼈가 세 개 이상의 조각으로 부서짐
(2) 완전골절	b. 뼈가 완전히 부러져, 연속성이 소실된 상태
(3) 분쇄골절	c. 피부손상이 없는 내부골절
(4) 개방골절	d. 뼈가 부분적으로 부러지거나 구부러짐
(5) 폐쇄골절	e. 뼈의 성장판을 침범한 골절
(6) 솔터-해리스(Salter-Harris)	f. 피부가 벌어져 뼈가 외부 환경에 노출됨

6 신경 질환
Diseases of the Nervous System

1. 다음 중 개에서 주로 발작(Seizure)을 일으키는 원인으로 볼 수 없는 것은?

   ① 저혈당

   ② 뇌 외상

   ③ 개홍역바이러스 감염

   ④ 저칼슘혈증

   ⑤ 장중첩

2. 뇌수두증(Hydrocephalus)에 대한 설명으로 바르지 않은 것은?

   ① 지주막하강에 비정상적으로 뇌척수액이 저류되어 뇌에 압력을 가하는 상태를 말한다.

   ② 주로 종양이나 외상으로 인해 후천적으로 발생하는 질병이다.

   ③ 말티즈, 요크셔테리어, 잉글리시 불독 등 토이 품종에서 흔히 발생한다.

   ④ 실명, 발작, 큰 돔 모양의 머리형태, 뇌 기능 장애 등 다양한 증상이 나타난다.

   ⑤ 일단 발병하면, 질병의 완치보다 진행상태를 늦추는 것이 치료의 목적이다.

3. 추간판탈출증(Intervertebral disc herniation)에 대한 설명으로 알맞은 것은?

   ① 척추사이 연골에 퇴행성 변화가 생겨 연골 내 수핵이 제자리에서 빠져나온 상태이다.

   ② 외상이 주된 원인으로, 중성화하지 않은 수컷 소형견에서 자주 발생한다.

   ③ 주 임상 증상은 간질 또는 발작과 같은 신경계 증상이다.

   ④ 초기에 무증상으로 시작하여, 서서히 진행되므로 조기에 발견하고 치료하기가 어렵다.

   ⑤ 주된 호발 부위는 경추 1번과 2번 사이이다.

4. 다음 설명에 해당되는 질병은 무엇인가?

- 주로 목뼈를 연결하는 인대 또는 뼈의 선천적 결함으로 인해 배열이 어긋나 발생한다.
- 선천적 또는 외상에 의해 발생할 수도 있다.
- 주로 소형견에서 흔히 발생하지만, 대형견에서도 일어날 수 있다.
- 운동실조, 머리를 들지 못함, 먹거나 마실 때 통증, 종종 호흡곤란 등을 보인다.

① 환축추불안정(Atlantoaxial instability)

② 추간판탈출증(Intervertebral disc herniation)

③ 뇌수두증(Hydrocephalus)

④ 뇌수막염(Meningitis)

⑤ 무릎뼈 탈구(Patella luxation)

7 호흡기 질환
Diseases of the Respiratory System

1. 다음 중 단두종 호흡기 증후군과 관련한 질병이 아닌 것은?

① 횡격막 탈장(Diaphragmatic hernia)

② 후두낭 외번(Everted laryngeal saccules)

③ 기관 저형성(Hypoplastic trachea)

④ 콧구멍 협착(Stenotic nares)

⑤ 연구개 노장(Elongated soft palate)

2. 개에서 기관지염(kennel cough)을 일으키는 원인체로 볼 수 없는 것은?

① 보데텔라 브론키셉티카(*Bordetella bronchiseptica*)

② 개 파라인플루엔자 바이러스(CPIV)

③ 개 아데노바이러스 2(CAV-2)

④ 개 홍역 바이러스(canine distemper virus)

⑤ 개 파보바이러스(canine parvovirus)

3. 개의 폐렴(Pneumonia)에 대한 설명으로 바르지 않은 것은?

① 폐렴은 폐 실질에 생긴 염증으로 인해, 호흡 관련 증상이 나타난다.

② 개에서 발생하는 대부분의 폐렴은 백신으로 예방이 가능하다.

③ 면역체계 문제로 인해 폐 실질에 백혈구 특히 호산구가 증가하여 폐렴을 일으킬 수 있다.

④ 주 증상은 호흡곤란, 발열, 기침이며, 심할 경우 청색증을 일으킨다.

⑤ 개의 경우, 세균성 폐렴이 가장 흔한 원인이다.

4. 다음에서 설명하는 질병은 무엇인가?

기관연골이 약화로 인해 기관이 C자 모양을 유지하지 못하고, 편평해진 상태를 말한다.

'거위울음(goose honk)'이라는 특징적인 호흡소리를 낸다.

정확한 원인은 알려지지 않았으며, 주로 선천적으로 발생한다.

만족할 만한 치료법은 없으나, 약물 및 체중감량을 통해 증상을 완화시키는 방법이 있다.

주로 토이 품종의 소형견에서 다발한다.

① 기관지염(Kennel cough)

② 횡격막 탈장(Diaphragmatic hernia)

③ 기관허탈증(Tracheal collapse)

④ 비염(Rhinitis)

⑤ 흡인성 폐렴(Aspiration pneumonia)

8 비뇨기 질환
Diseases of the Urinary System

1. 다음 중 배뇨곤란(dysuria) 증상과 관련성이 낮은 질병은?

   ① 요도결석(Urethra calculus)

   ② 방광결석(Urinary bladder calculus)

   ③ 신부전(Renal failure)

   ④ 쿠싱병(Cushing's disease)

   ⑤ 요로감염(Urinary tract infection)

2. 비뇨기계 결석으로 인한 직접적인 증상으로 볼 수 없는 것은?

   ① 방광염(Cystitis)

   ② 혈뇨(Hematuria)

   ③ 빈뇨(Pollakiuria)

   ④ 통증(Pain)

   ⑤ 고열(Fever)

3. 비뇨기계 결석에 대한 설명으로 올바른 것은?

   ① 쿠싱병과 같은 묽은 오줌을 배출하는 질병으로 인해 2차적으로 발생하기 쉽다.

   ② 개의 암컷은 요도가 짧아 결석이 쉽게 배출되기 힘들어 더 자주 발생한다.

   ③ 요도결석은 주로 무증상으로 특별한 치료가 필요하지 않다.

   ④ 방광염과 같은 요로감염으로 인해 염증산물이 증가하여 결석이 생길 수 있다.

   ⑤ 신장 결석이 있을 경우 특징적으로 다음다뇨 증상을 보인다.

4. 개에서 발생하는 신부전에 대한 설명으로 바르지 않은 것은?

　　① 개에서 신부전은 주로 분변 내 세균이 방광을 통해 감염되어 일어난다.

　　② 만성 신장 질환 시 묽은 소변을 누게 되므로, 세균 감염이 용이하다.

　　③ 초기에 특별한 증상을 보이지 않으며, 점차 질병이 진행되면 증상이 나타난다.

　　④ 신부전의 주 증상은 복통과 설사이며, 이로 인해 식욕은 증가하는 경향이 있다.

　　⑤ 항생제 치료는 필수적이며, 항생제 감수성 테스트를 통해 선별하여 처방하는 것이 좋다.

5. 비뇨기계 감염증에 설명이다. O, X 로 표시하시오.

　　(1) 개의 비뇨기계 감염이 발생하는 가장 흔한 장기는 신장이다. 　　　　　　(　　)

　　(2) 초음파 가이드를 통해 소변을 채취하여 검사하여 진단하는 것이 가장 정확한 방법이다. (　　)

　　(3) 비뇨기계 감염을 일으키는 주 원인체는 진균이다. 　　　　　　　　　　(　　)

　　(4) 소량의 오줌을 자주 누거나, 오줌의 색이 평소와 다를 경우 감염을 의심해볼 수 있다. 　(　　)

생식기 질환
Diseases of the Reproductive System

1. 자궁축농증(Pyometra)에 대한 설명으로 적절하지 않은 것은?

   ① 자궁축농증은 자궁에 심각한 염증이 나타난 것으로 보통 중성화하지 않은 중년 또는 노령 암컷견에서 호발한다.

   ② 농(pus)이 자궁 안에 축적되면 발열, 생식기 분비물, 기력저하, 음수량 증가 등의 증상이 나타난다.

   ③ 대표적인 세균으로는 *Escherichia coli*, *Streptococcus* spp., *Staphylococcus* spp. 등이 있다.

   ④ X-ray, 복부초음파, 임상증상을 기초로 진단할 수 있다.

   ⑤ 수술의 위험성 때문에 내과적 치료가 최선의 방법이다.

2. 난산(Dystocia)의 대표적인 원인 중 어미 개의 문제가 아닌 것은?

   ① 자궁 무력증

   ② 자궁 염전

   ③ 노령 출산

   ④ 이상 태위

   ⑤ 과거 골반 골절로 인한 작은 산도

3. 질탈(Vaginal prolapse)에 대한 설명으로 옳지 않은 것은?

   ① 암컷의 외부 비뇨기 일부가 질(vagina) 외부로 돌출되는 것을 의미한다.

   ② 중성화하지 않은 암컷에서 발정기 때에 호발한다.

   ③ 외부에 노출된지 오래되면, 부종이 심해지고, 배뇨/배변곤란, 조직 괴사가 발생할 수 있다.

   ④ 발정기 때에 잘 발생하는 이유는 에스트로겐(estrogen)이라는 성호르몬 때문이다.

   ⑤ 난산이나 배뇨/배변 장애가 있는 경우에도 과도한 노책으로 발생하기도 한다.

4. 유선 종양에 대한 설명으로 적절하지 않은 것은?

① 유선 종양은 유선 조직을 구성하는 세포들의 비정상적인 증식으로 발생한다.

② 악성도의 유무에 따라 양성, 악성으로 구분할 수 있다.

③ 중성화수술을 하지 않은 암컷 노령견에서 호발하는 경향이 있다.

④ 유선적출술을 실시하는 경우, 보통 중성화수술도 병행한다.

⑤ 화학요법(chemotherapy)에 잘 반응하기 때문에 이 방법이 최선의 치료법이다.

5. 잠복고환(Cryptorchidism)에 대한 설명으로 올바른 것은?

① 수컷에서 한쪽 또는 양쪽의 고환이 음낭으로 들어가지 않은 상태를 의미한다.

② 고환이 하강하여 음낭으로 들어가지 않아도 정자 생산에는 지장이 없다.

③ 수술적으로 교정하여 주지 않으면 노령이 되어 종양으로 진행될 수 있다.

④ 유전적 질병이 아니기 때문에 잠복고환이 있어도 번식과는 상관이 없다.

⑤ 잠복고환은 생후 약 12개월령에 하강하여 음낭으로 들어간다.

6. 수컷 개의 전립선 비대증(Prostate hyperplasia)에 대한 설명으로 옳지 않은 것은?

① 중성화수술을 하지 않은 수컷에서 가장 흔한 전립샘 질환이다.

② 고환에서 분비되는 테스토스테론(testosterone)이라는 호르몬의 자극을 받아 발생한다.

③ 크기가 너무 커지면 배뇨, 배변 장애가 나타난다.

④ 전립샘 종양은 거의 발생하지 않기 때문에 감별할 필요가 없다.

⑤ 중성화수술이 최선의 치료방법이다.

10 혈액/면역 질환
Hematologic and Immunologic Diseases

1. 적혈구의 생산에 관여하며, 신장에서 분비되는 호르몬은?

   ① 코티솔(cortisol)

   ② 성장호르몬(growth hormone)

   ③ 테스토스테론(testosterone)

   ④ 에스트로겐(estrogen)

   ⑤ 에리스로포이에틴(erythropoietin)

2. 비재생성 빈혈의 대표적인 원인이 아닌 것은?

   ① 만성 신부전

   ② 만성 질환/염증

   ③ 만성 출혈에 의한 철분 결핍

   ④ 급성 간염

   ⑤ 적혈구 조혈세포의 바이러스 감염

3. 면역매개성용혈성빈혈(Immune-mediated hemolytic anemia)을 유발할 수 있는 원인으로 보기 어려운 것은?

   ① 특발성(idiopathic)

   ② 바베시아와 같은 혈액 기생충

   ③ 뱀 독

   ④ 예방접종

   ⑤ 모낭충

4. 면역매개성 혈소판감소증(Immune-mediated thrombocytopenia)에서 나타나는 임상증상과 거리가 먼 것은?

① 보행 이상

② 점상 출혈

③ 비출혈

④ 혈뇨

⑤ 결막 출혈

11

피부 질환
Diseases of the Integumentary System

1. 식이 알러지성 피부염에 대한 설명으로 옳지 않은 것은?

　① 국소 또는 전신 소양감, 탈모, 농피증 등과 같은 증상이 나타난다.

　② 식이제한 검사를 통해 식이 알러지의 유무를 간접적으로 판단할 수 있다.

　③ 가수분해 단백질을 사용하는 처방식에서는 단백질의 크기가 보통 5kD 이하이다.

　④ 식이 알러지가 있는 환자에서 이전에 먹어본 적이 없는 단백질을 사용하면 평생 완치가
　　 가능하다.

　⑤ 주로 자주 먹는 단백질에 대해 알러지가 발생하는 경우가 많다.

2. 다음 설명에 해당되는 외부기생충은?

- 직접 접촉을 통해 감염

- 귀끝, 팔꿈치, 얼굴에서 주로 시작함

- 심한 소양감, 탈모, 이차적인 염증 발생

- Pedal reflex 반응을 보이기도 함

　① 이(lice)

　② 벼룩(flea)

　③ 옴진드기

　④ 모낭충

　⑤ 귀진드기

3. 아토피성 피부염(Atopic dermatitis)을 앓고 있는 환자의 관리로 적절한 것은?

① 아토피는 일종의 알러지 반응이기 때문에 알러지 약을 먹으면 완치가 가능하다.

② 이차감염이 병발하는 경우, 크게 신경쓰지 않아도 된다.

③ 내복약을 복용하는 경우, 국소치료(약용샴푸, 연고 등)를 병행하면 투여되는 약물의 양을 줄일 수 있다.

④ 식이알러지와 함께 나타나는 경우는 없으니 식사는 자유롭게 한다.

⑤ 증상의 정도에 관계없이 내복약을 강하게 복용시켜 치료한다.

4. 피부사상균증(Dermatophytosis)을 확인하는 방법으로 적절하지 않은 것은?

① 우드램프(Wood lamp)

② 곰팡이 배양(DTM)

③ 유전자 검사(PCR)

④ 형광안료 검사(fluorescene stain)

⑤ 광학현미경 검사

12

눈 질환
Diseases of the Eye

1. 결막염(Conjunctivitis)의 원인으로 보기 어려운 것은?

　① 세균 감염

　② 눈물 부족

　③ 안검질환(안검내번, 안검외번)

　④ 이물질

　⑤ 갑상선기능항진증

2. 다음 중 각막 손상에 의해 나타나는 증상이 아닌 것은?

　① 안구 충혈

　② 유루증

　③ 분비물 감소

　④ 안검 경련

　⑤ 각막 혼탁

3. 백내장(Cataract)에 대한 설명으로 올바르지 않은 것은?

　① 안구 내의 수정체가 불투명하고 혼탁해지는 것을 백내장이라고 한다.

　② 개에서 많이 발생하고 고양이에서는 드문 편이다.

　③ 수정체의 불투명도가 100%에 달하면 시력을 잃게 되므로 조기에 수술을 고려해야 한다.

　④ 나이가 들면서 발생하는 노령성 핵경화(Nuclear sclerosis)도 백내장의 일종이다.

　⑤ 대표적인 원인 중 하나는 당뇨병이다.

4. 녹내장(Glaucoma)에 대한 설명으로 올바르지 않은 것은?

① 안구 내의 안방수의 흐름이 원활하지 않아 안압이 증가하는 질환이다.

② 안압이 증가하더라도 수정체는 정상이기 때문에 시력을 잃지 않는다.

③ 대표적 원인으로는 포도막염, 수정체 탈구, 안내 출혈, 외상 등이 있다.

④ 대표적 증상으로는 안구크기 증가, 행동의 변화, 상공막 충혈, 각막 부종 등이 있다.

⑤ 안압계로 안압을 측정하여 진단한다.

5. 사람과 다르게 순막에 존재하는 눈물샘이 붓고 충혈되어 바깥쪽으로 돌출되어 안구의 일부를 덮는 질병은?

① 안검내번

② 안검외번

③ 각막궤양

④ 포도막염

⑤ 제3안검 돌출증

6. 망막박리(Retinal detachment)에 대한 설명으로 올바르지 않은 것은?

① 대표적 원인으로 외상, 유전적 원인, 고혈압 등이 있다.

② 다양한 원인에 의해 맥락막으로부터 망막이 분리되는 질환이다.

③ 동공빛반사가 없어지고 시력을 잃을 수 있다.

④ 편측성으로 발생하더라도 증상을 통해 쉽게 알 수 있다.

⑤ 원발 원인을 신속히 치료하면 시력을 회복할 수 있다.

13 귀 질환
Diseases of the Ear

1. 외이도염을 일으키는 원인으로 보기 어려운 것은?

    ① 식이 알러지

    ② 아토피성 피부염

    ③ 귀옴진드기 감염

    ④ 세균 감염

    ⑤ 이개혈종

2. 이개혈종에 대한 설명으로 올바르지 않은 것은?

    ① 귀 혈관이 외상에 의해 손상되어 내부 출혈이 나타나 형성된다.

    ② 고양이보다는 개에서 흔히 관찰된다.

    ③ 외상을 유발시키는 기저질환을 확인해야 한다.

    ④ 주사기로 고여 있는 혈액을 제거해주면 치료된다.

    ⑤ 대표적인 기저질환으로는 아토피, 음식알러지, 외이도염, 귀옴진드기 등이 있다.

14 감염성 질병
Infectious Diseases

1. 다음 중 파보장염(Parvoviral enteritis)에 대한 설명으로 적절하지 않은 것은?

① 원인체는 canine parvovirus 2이다.

② 바이러스에 오염된 직접 또는 간접 접촉에 의해 전염된다.

③ 잠복기는 2-3일 정도로 짧은 편이다.

④ 식욕부진, 구토, 혈변, 탈수 증상을 보인다.

⑤ 진단키트를 사용하여 진단하고, 바이러스가 잘 죽지 않기 때문에 차단 간호를 잘 실시해
야 한다.

2. 다음 중 홍역(Canine distemper)에 대한 설명으로 적절하지 않은 것은?

① 원인체는 canine distemper virus이다.

② 발열, 콧물, 기침과 같은 호흡기 증상부터 보이는 경우가 많다.

③ 주로 비말이나 경구를 통해 감염된다.

④ 항바이러스 약물을 투약하면 치료할 수 있다.

⑤ 예방접종을 실시하면 거의 예방할 수 있다.

3. 켄넬코프에 대한 설명으로 적절하지 않은 것은?

① 대표적인 원인체로 *Bordetella bronchiseptica*, parainfluenza virus, CAV-2,
herpes virus가 있다.

② 주로 상부호흡기도에 증식하여 격렬한 기침을 유발한다.

③ 잠복기는 약 5-7일 이다.

④ 증상에 따른 대증치료를 실시한다.

⑤ 조기에 약물치료를 실시하지 않는 경우 폐렴으로 이어져 폐사할 가능성이 높다.

4. 광견병에 대한 설명으로 적절한 것은?

　① 대표적인 인수공통전염병으로 모든 온혈동물에게 감염이 가능하다.

　② 주로 교미를 통한 체액을 통해 감염된다.

　③ 동물의 몸에 들어온 바이러스는 조직에서 증식해 신경계로 이동한 후 최종적으로 척수로 이동한다.

　④ 치료제가 개발되어 있어 야생동물에게 물려도 병원에 가면 치료받을 수 있다.

　⑤ 예방접종을 실시해도 잘 감염되기 때문에 야생동물에게 물리면 안 된다.

5. 개의 렙토스피라 감염증(Canine leptospirosis)에 대한 설명으로 올바르지 않은 것은?

　① 렙토스피라감염증은 세균성 질병으로 간이나 신장에 심각한 영향을 끼친다.

　② 개와 설치류, 너구리같은 작은 포유동물에 감염을 일으키지만 사람은 감염되지 않는다.

　③ 이 원인체는 따뜻하고 습한 환경을 좋아하며, 물이나 토양에서 오래 생존할 수 있다.

　④ 구강 및 손상된 점막이나 피부로 체내로 침입한다.

　⑤ 발열, 기력저하, 무뇨증, 급성신부전, 황달 등의 증상을 보인다.

6. 다음 중 인수공통전염병인 개의 질병은?

　① 파보바이러스 장염

　② 개 홍역

　③ 켄넬 코프

　④ 심장사상충

　⑤ 광견병

15 종양성 질환
Neoplastic Disease

1. 개와 고양이에서 나타나는 림프종(Lymphoma)의 형태로 보기 어려운 것은?

　① 다중심성(Multicentric) 림프종

　② 소화기(Alimentary) 림프종

　③ 종격동(Mediastinal) 림프종

　④ 피부(Cutaneous) 림프종

　⑤ 방광(Bladder) 림프종

2. 비만세포종(Mast cell tumor)에 대한 설명으로 옳지 않은 것은?

　① 비만세포종은 과체중인 비만인 개체에서 자주 발생한다.

　② 비만세포는 히스타민(histamine), 헤파린(heparin) 등을 함유하고 있어 세포검사 시 주의가 필요하다.

　③ 개에서 가장 흔한 피부 종양이다.

　④ 피부 비만세포종은 신체 어느 부위에서도 발생할 수 있다.

　⑤ 치료시 화학요법, 수술, 방사선 요법 등을 사용한다.

3. 지방종(Lipoma)에 대한 설명으로 옳지 않은 것은?

　① 정확한 원인은 알려지지 않았으나 과체중 개체에서 흔히 관찰된다.

　② 지방종은 악성으로 간주하고 빨리 치료해야 한다.

　③ 대개 피하에 경계가 명확하고 말랑말랑한 종괴로 나타나는 경우가 흔하다.

　④ 악성형태를 지방육종(liposarcoma)이라고 한다.

　⑤ 외관상으로는 다른 종양과 감별이 어려워 세침흡인술과 같은 세포학검사나 생검으로 진단할 수 있다.

4. 편평세포암(Squamous cell carcinoma)에 대한 설명으로 옳지 않은 것은?

① 대표적인 악성 피부 종양 중 하나이다.

② 일반적으로 피부에 나타나지만 구강, 비강, 발톱 아래와 같은 부위에서 발생하기도 한다.

③ 초기에 일반적인 피부병으로 치료하다가 늦게 발견되는 경우가 많다.

④ 햇빛이나 자외선에 대한 지속적인 노출이 원인으로 생각하고 있다.

⑤ 화학치료로 비교적 쉽게 치료할 수 있다.

5. 흑색종(Melanoma)에 대한 설명으로 옳지 않은 것은?

① 색소를 생성하는 멜라닌세포의 종양성 변화로 발생한다.

② 개에서 가장 흔하게 나타나는 부위는 피부이다.

③ 종괴는 세포학검사 또는 생검을 통해서 진단할 수 있다.

④ 화학치료는 거의 효과를 보기 어렵기 때문에 수술적 치료가 중요하다.

⑤ 흑색종 백신(Onsept®)이라는 것이 개발되어 경우에 따라 사용할 수 있다.

감염성 질환
Infectious Diseases

1. 다음 고양이 감염성 질환과 원인체를 알맞게 연결하시오.

(1) Feline panleukopenia

(2) Feline infectious peritonitis

(3) Feline rhinitis and upper respiratory disease

a. Feline coronavirus

b. Feline parvovirus

c. Feline herpesvirus

2. 다음 고양이 감염성 질환 중 백신으로 예방하는 것이 효과적이지 않은 것은?

① 고양이 범백혈구감소증(Feline panleukopenia)

② 고양이 전염성복막염(Feline infectious peritonitis)

③ 고양이 칼리시바이러스감염증(Feline calicivirus infection)

④ 고양이 클라미디아증(Feline Chlamydiosis)

⑤ 고양이 허피스바이러스감염증(Feline herpesvirus infection)

3. 고양이 면역결핍바이러스감염증(Feline Immunodeficiency virus)에 대한 설명으로 알맞지 않은 것은?

① 주로 직접적인 접촉이나 싸움 등으로 인해 바이러스가 포함된 타액이 체 내 유입되어 발생한다.

② 잠복기가 매우 길어, 감염되더라도 대체로 무증상이며, 평생 발현되지 않을 수도 있다.

③ 고양이가 실외 생활을 할 경우, 매년 반복해서 혈액검사를 하는 것이 중요하다.

④ 렌티바이러스 일종인 고양이 면역결핍바이러스가 원인체이다.

⑤ 태반이나 모유를 통해 어미로부터 전염될 수 있으므로, 감염된 고양이는 번식을 금한다.

4. 다음 중 주로 구강 내 궤양을 일으키는 감염성 질병은?

① 고양이 범백혈구감소증(Feline panleukopenia)

② 고양이 전염성복막염(Feline infectious peritonitis)

③ 고양이 칼리시바이러스감염증(Feline calicivirus infection)

④ 고양이 면역결핍바이러스감염증(Feline Immunodeficiency virus infection)

⑤ 고양이 허피스바이러스감염증(Feline herpesvirus infection)

5. 주로 코와 눈에 감염을 일으켜, 상기도감염과 함께, 결막염, 각막궤양 등 눈 질병을 일으키는 감염성 질병은?

① 고양이 백혈병(Feline leukemia)

② 고양이 전염성복막염(Feline infectious peritonitis)

③ 고양이 칼리시바이러스감염증(Feline calicivirus infection)

④ 고양이 면역결핍바이러스감염증(Feline Immunodeficiency virus infection)

⑤ 고양이 허피스바이러스감염증(Feline herpesvirus infection)

소화기 질환
Gastrointestinal Disease

1. 고양이에서 잘 나타나는 선형이물(Linear foreign body) 섭취에 대한 설명으로 옳지 않은 것은?

   ① 고양이는 개에 비해 선형이물을 섭취하는 경우가 흔하다.

   ② 신체검사시 구강에서 선형이물이 확인되는 경우도 있다.

   ③ 구강에서 확인되는 경우, 수술 없이 조심스럽게 잡아당겨 제거할 수 있다.

   ④ 대부분의 선형이물은 X-ray 검사에서는 확인할 수 없고, 초음파 검사를 통해서 확인되는 경우가 많다.

   ⑤ 장내에서 선형이물이 발견되는 경우, 그 길이나 경과한 시간에 따라 다수의 절개수술이 필요할 수 있다.

2. 고양이 세동이염(Triaditis)에서 주로 나타나는 염증이 아닌 것은?

   ① 췌장염(pancreatitis)

   ② 담관염(cholangitis)

   ③ 간염(hepatitis)

   ④ 염증성 장질환(inflammatory bowel disease)

   ⑤ 신우신염(pyelonephritis)

3. 고양이 지방간(Hepatic lipidosis)의 원인이나 위험인자로 적절하지 않은 것은?

   ① 갑작스런 식단의 변화

   ② 췌장염과 같은 기저 질환에 따른 장기적인 식욕부진

   ③ 비만

   ④ 고탄수화물 식이

   ⑤ 거주지 변화에 따른 스트레스

4. 고양이 염증성 장질환(Inflammatory bowel disease)은 장에 침윤된 염증세포의 종류에 따라 타입이 분류된다. 대표적인 타입이 아닌 것은?

① 비만세포성 장염

② 호산구성 장염

③ 림프구성 형질세포성 장염

④ 호중구성 장염

⑤ 육아종성 장염

3 비뇨기 질환
Diseases of the Urinary System

1. 고양이 하부비뇨기계 질환(Feline lower urinary tract disease)에 대한 설명으로 적절하지 않은 것은?

   ① 고양이 특발성 방광염(Feline idiopathic cystitis)이라고도 한다.

   ② 비뇨기 결석, 비뇨기 감염증, 비뇨기 종양 등 다양한 원인에 의해 나타날 수 있다.

   ③ 주로 실내생활을 하는 과체중 고양이에서 자주 나타나는 경향이 있다.

   ④ 고양이가 받는 스트레스(이사, 다묘 환경 등)는 위험요인으로 보기 어렵다.

   ⑤ 요도 폐쇄를 유발하는 주요 원인은 요도 플러그(Urethral plug)라고 하는 세포, 미네랄 성분, 점액 단백질이 서로 엉켜 있는 물질이다.

2. 고양이 만성 신장질환(Chronic kidney disease)의 원인으로 보기 어려운 것은?

   ① 독성물질(약물, 식물, 화학물질 등)

   ② 염증(신우신염, 사구체신염 등)

   ③ 아밀로이드증

   ④ 종양

   ⑤ 당뇨병

4 구강 질환
Diseases of Oral Cavity

1. 고양이 치아 흡수(Tooth resorption) 질환의 임상증상과 거리가 먼 것은?

    ① 구강건조

    ② 구강출혈

    ③ 식욕부진

    ④ 식사시 음식을 흘림

    ⑤ 이빨을 만질 때 매우 싫어함

2. 고양이 만성 치은구내염(Chronic gingivostomatitis)에 대한 설명으로 적절하지 않은 것은?

    ① 명확한 원인은 밝혀져 있지 않지만 바이러스(FCV, FHV, FIV, FeLV)와 연관이 있을 것으로 추정하고 있다.

    ② 잇몸의 발적 및 부기, 구취 등의 증상이 나타난다.

    ③ 구강에 주로 증상이 나타나기 때문에 구강 정밀검진 및 치과방사선 촬영검사만 필요하다.

    ④ 마취하에 구강검사 및 스케일링을 실시하면 도움이 되지만 결국 발치가 필요하다.

    ⑤ 정기적인 양치와 스케일링은 예방에 도움이 된다.

5 눈 질환
Diseases of the Eyes

1. 호산구성 각막염(Eosinophilic keratitis)에 대한 설명으로 옳지 않은 것은?

    ① 호산구성 각결막염, 증식성 각결막염이라고 알려져 있다.

    ② 염증이 발생한 각막 부위에 호산구가 침윤되어 있다.

    ③ 염증이 발생한 명확한 원인은 아직 밝혀져 있지 않다.

    ④ 각막 표면에 특징적인 분홍색, 황갈색, 흰색 병변을 관찰할 수 있다.

    ⑤ 혈액검사를 통해 증가한 호산구와 비만세포를 확인하여 진단한다.

2. 고양이 결막염(Conjunctivitis)의 원인으로 적절하지 않은 것은?

    ① 고양이 허피스바이러스(Feline herpesvirus-1)

    ② 클라미디아(*Chlamydophila felis*)

    ③ 마이코플라즈마(*Mycoplasma* spp.)

    ④ 유루증

    ⑤ 각막궤양, 녹내장, 포도막염과 같은 다른 안구질환

6 기타 질환

1. 고양이에서 자주 나타나는 비대성 심근병증(Hypertrophic cardiomyopathy)에 대한 설명으로 옳은 것은?

① 고양이에서 흔한 심장 질환으로 우심실이 비정상적으로 두꺼워져 나타난다.

② 비대해진 심근은 수축기능에 문제가 발생하여 서맥이 흔히 나타난다.

③ 혈액순환 장애가 나타나 결국 혈액이 응고되지 않아 출혈 증상이 나타난다.

④ 혈전색전증이 나타나 뒷다리의 마비, 통증을 유발할 수 있다.

⑤ 메인쿤이나 렉돌과 같은 품종에서는 유전적으로 잘 발생하지 않는다.

2. 고양이 갑상선기능항진증(Hyperthyroidism)에 대한 설명으로 옳은 것은?

① 고양이에서 비교적 드문 질병이며 갑상선 조직이 알 수 없는 원인에 의해 파괴되어 나타난다.

② 갑상선 호르몬이 과도하게 분비되고 이로 인해 심박수가 증가하고 혈압이 상승할 수 있다.

③ 증상으로 다음, 다뇨, 다식, 체중증가가 흔히 관찰된다.

④ 턱 부위에서 갑상선이 비대해진 것을 촉진할 수 있다.

⑤ 약물을 이용한 내복약 투여가 가장 확실한 치료방법이다.

3. 고양이 당뇨병(Diabetes mellitus)에 대한 설명으로 옳은 것은?

① 사람의 당뇨병과 유사한 제1형 당뇨병이 전체 당뇨병의 90%를 차지한다.

② 사람의 당뇨병과 유사하기 때문에 인슐린보다는 식이, 운동 요법에 중점을 두고 치료한다.

③ 고양이도 개와 마찬가지고 동물병원내에서 고혈당 확인이 진단에 필수적이다.

④ 위험요인으로 나이(노령), 비만, 신체활동 부족, 약물(글루코코르티코이드)의 사용 등이 있다.

⑤ 고혈당을 빠르게 낮추기 위해서 속효성 인슐린이 치료에서 가장 중요하다.

복습문제 답안

Chapter 01 개의 질병

2 심혈관 질환
Diseases of the Cardiovascular System

1. ②
2. ③
3. ①
4. ④
5. ⑤
6. ③

3 소화기 질환
Diseases of the Digestive System

1. ④
2. ①
3. ④
4. ②
5. ②
6. ②
7. ①
8. ③
9. (1) O

(2) O

(3) X (주로 노령이나 비만으로 인해 항문괄약근 수축력 낮아져 발생)

(4) X (완전히 비우기 위해, 강하게 짤 경우 항문낭이 파열되거나, 항문주위 근육이 손상될 수 있음)

(5) X (자주 재발할 경우 수술적 치료가 필요함)

4 내분비 및 대사성 질환
Diseases of the Endocrine and Metabolic System

1. ③   2. ②
3. ①   4. ①

5 근골격 질환
Diseases of the Musculoskeletal System

1. (1) O

    (2) X (고관절이형성과 팔꿈치이형성으로 인해 골관절염이 발생)

    (3) X (관절부위 탈모는 무관하며, 운동범위는 축소됨)

    (4) X (초기에도 통증을 보일 수 있음)

    (5) O

2. ③

3. ②

4. ③

5. (1)-d,   (2)-b,   (3)-a,   (4)-f,   (5)-c,   (6)-e

6 신경 질환
Diseases of the Nervous System

1. ⑤   2. ②
3. ①   4. ①

7 호흡기 질환
Diseases of the Respiratory System

1. ①   2. ⑤
3. ③   4. ②

8 비뇨기 질환
Diseases of the Urinary System

1. ④   2. ⑤
3. ④   4. ④
5. (1) X (방광)   (2) O
   (3) X (세균)   (4) O

9 생식기 질환
Diseases of the Reproductive System

1. ⑤   2. ④
3. ①   4. ⑤
5. ③   6. ④

10 혈액/면역 질환
Hematologic and Immunologic Diseases

1. ⑤   2. ④
3. ⑤   4. ①

11 피부 질환
Diseases of the Integumentary System

1. ④   2. ③
3. ③   4. ④

12 눈 질환
Diseases of the Eye

1. ⑤   2. ③   3. ④
4. ②   5. ⑤   6. ④

13 귀 질환
Diseases of the Ear

1. ⑤   2. ④

14 감염성 질병
Infectious Diseases

1. ③   2. ④   3. ⑤
4. ①   5. ②   6. ⑤

15 종양성 질환
Neoplastic Disease

1. ⑤   2. ①
3. ②   4. ⑤   5. ②

Chapter 02 고양이의 질병

1 감염성 질환
Feline Infetious Diseases

1. (1)-b,   (2)-a,   (3)- c
2. ②   3. ②
4. ③   5. ⑤

2 소화기 질환
Gastrointestinal Disease

1. ③   2. ⑤   3. ④   4. ①

3 비뇨기 질환
Diseases of the Urinary System

1. ④   2. ⑤

4 구강 질환
Diseases of Oral Cavity

1. ①   2. ③

5 눈 질환
Diseases of the Eyes

1. ⑤   2. ④

6 기타 질환

1. ④   2. ②   3. ④